Paradoxien

Die Originalausgabe erschien unter dem Titel:
Paradoxes

© 2024 Librero IBP
(für die deutschsprachige Ausgabe)
www.librero-ibp.com

© 2019 Quarto Publishing plc

Zusatztexte von Gary Hayden und Michael Picard
Design und Illustrationen von Matt Windsor

Herstellung deutsche Ausgabe:
iMport/eXport
Übersetzung: Jeannette Berg, Anne Döbel, Rio Holländer
Layout: Studio Frontaal, Groningen, Niederlande

Printed in China

ISBN: 978-94-6359-469-1

MIX
Papier | Fördert
gute Waldnutzung
FSC® C008047
FSC
www.fsc.org

Paradoxien

Von der Illusion bis zur Unendlichkeit:
Vermeintliche Gegensätze

GARETH SOUTHWELL

Librero

Inhalt

Was ist ein Paradoxon?

Wir möchten die Leser dieses Buches neugierig machen, verblüffen, erfreuen, informieren, erstaunen, unterhalten und vollkommen aus der Reserve locken. Paradoxerweise zuweilen alles gleichzeitig.

Als Leser werden Sie sich mit den großartigsten Ideen und den größten Denkern aller Zeiten auseinandersetzen. Keine Angst, Vorkenntnisse sind zum Lesen des Buches nicht nötig. Auch müssen Sie kein Mathematikgenie sein, um die Kapitel über mathematische und wahrscheinliche Paradoxien zu verstehen. Unser Ziel ist es, auch diejenigen, die sich in der Philosophie auskennen, gleichermaßen zu unterhalten und zu frustrieren. Sollten Sie sich bisher nicht mit der Philosophie befasst haben, könnten Sie den Drang verspüren, sich auf die Arbeiten großer Denker wie Platon, Aristoteles, Descartes und David Hume zu stürzen.

Was ist ein Paradoxon?

Im Prinzip ist ein Paradoxon in sich widersprüchlich oder gegensätzlich zur landläufigen Auffassung, aber es könnte dennoch Wahrheit in ihm stecken. In einer gelockerten Auffassung kann jede überraschende Schlussfolgerung gemeint sein oder ein Widerspruch zu unserer Intuition.

Wenn Sie eine philosophischere Definition wünschen, kann ein Gedanke des britischen Philosophen R. M. Sainsbury kaum übertroffen werden. Unter einem Paradoxon versteht er „eine scheinbar unannehmbare Schlussfolgerung, die durch einen scheinbar annehmbaren Gedankengang aus scheinbar annehmbaren Prämissen abgeleitet wird".

Um unserer Absicht gerecht zu werden, nehmen wir eine Position irgendwo dazwischen ein und behaupten, ein Paradoxon ist eine absurde, widersprüchliche oder widersinnige Schlussfolgerung nach scheinbar vernünftiger Begründung.

Viele der Paradoxien in diesem Buch hatten ernste Auswirkungen – im philosophischen, mathematischen oder wissenschaftlichen Sinne. Nicht aber, wie wir hoffen, im Sinne von „trocken" oder „langweilig".

Dann gibt es beispielsweise die Scherz-Paradoxien (S. 68-69 ff.) oder das Rätsel des verschwundenen Dollars (S. 70-71 ff.), die völlig unernst sind. Und streng genommen auch keine Paradoxien – sie passen aber in unsere lockerere Definition. Puristen mögen entsetzt sein, sie hier zu finden, aber der Spaß überwog bei der Auswahl.

Was Sie zusätzlich noch erwartet, ist zum Beispiel der sehr einfache und prägnante Beweis des italienischen Wissenschaftlers Galileo Galilei, der besagt, dass es weniger Quadratzahlen (1, 4, 9, 16, 25 usw.) als natürliche Zahlen (1, 2, 3, 4, 5 usw.) gibt. Mit der fast identischen Methode hat er bewiesen, dass genauso viele Quadratzahlen wie natürliche Zahlen existieren. Liest man Galileos Paradoxon (S. 76-77), stellt man fest, dass beide Beweisführungen korrekt sind. Somit ist ein Paradoxon entstanden.

Ein weiteres Beispiel: Im 5. Jahrhundert v. Chr. stellte Zenon von Elea den sehr eleganten Beweis auf, dass auch der schnellste Läufer niemals eine Schildkröte besiegen könnte (S. 116-117). Die Behauptung ist absurd: Natürlich sind Athleten schneller als Schildkröten! Den Fehler in Zenons Argumentation zu finden, ist allerdings so schwierig, dass auch zweieinhalbtausend Jahre später noch darüber diskutiert wird.

Kurz gesagt: Sie werden auf so unterschiedliche Paradoxien stoßen wie Aufgaben aus Spielshows mit über-raschenden Lösungen bis zu bedeutenden Entdeckungen, die unsere Welt verändert haben.

Eine kleine Leseanleitung

Dieses Buch bedarf Ihrer Mitarbeit. Je mehr Sie sich aktiv mit dem Text befassen, umso mehr Spaß werden Sie haben und umso schneller steigen Sie in die Problematik ein.

Häufig werden Sie aufgefordert, eine Pause zum Nachdenken einzulegen. Aber seien Sie auf der Hut: Einige der Paradoxien werden sich in Ihrem Kopf einnisten und Sie nicht zur Ruhe kommen lassen. Einige könnten Sie sogar um den Schlaf bringen.

Auch gibt es Gedankenexperimente und Herausforderungen, mit denen Sie Ihren Horizont erweitern können. Besprechen Sie sie mit Freunden und Ihrer Familie – warum sollten Sie als einziger nachts nicht schlafen können?

Wir hoffen, dass dieses Buch Sie in gleichem Maß zur Weißglut bringen und erfreuen wird. Also los, fordern Sie Ihr Gehirn heraus und – vor allem – haben Sie Spaß dabei!

Bevor wir starten, lassen Sie uns einen Blick darauf werfen, was Sie erwartet. Man kann dieses Buch Seite für Seite lesen, muss man aber nicht. Natürlich spricht einiges für das methodische Lesen, aber Sie können auch einzelne Seiten oder Kapitel auswählen. Viele Paradoxien lassen sich in wenigen Minuten lesen, stellen aber Gedankenfutter für einen Tag, eine Woche, einen Monat, ein Jahr oder gar das restliche Leben dar. Hier kommt daher eine kurze Übersicht über die Kapitel:

Kapitel 1

Wissen und Glaube macht den Anfang auf unserer Reise ins Paradoxe, indem es allgemein bekannte Wahrheiten in Frage stellt.

Kapitel 2

Vagheit und Identität lotet die Grauzonen von Sprache und Ideen aus und stellt klassische, philosophische Paradoxien zu dem Thema vor.

Kapitel 3

Logik und Wahrheit wirft einige faszinierende Fragen auf, um anschließend mit abstrakteren Problemen fortzufahren.

Kapitel 4

Mathematische Paradoxien beginnt ganz harmlos mit Rätseln und kontraintuitiven Lösungen, verblüfft anschließend mit der atemberaubenden Welt des Unendlichen.

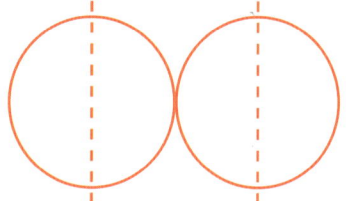

Kapitel 5

Wahrscheinlichkeitsparadoxien zeigt, wie schnell unser mathematisches Verständnis ins Wanken geraten kann und wandert leichtfüßig von einer Spielshow zu Blaise Pascals Glaubensbegründung.

Kapitel 6

Zeit und Raum taucht in die seltsamen Vorkommnisse bei der Zerteilung der Zeit ein und wendet sich den bizarren Problemen bei Zeitreisen zu.

Kapitel 7

Unmögliches behandelt Dinge, die nicht existieren können. Dennoch werden einige davon hier betrachtet: beliebte optische Illusionen oder wozu Gott fähig oder nicht fähig ist.

Kapitel 8

Entscheidung und Handlung hat direkten Bezug auf unser Alltagsleben, aber wie wir entscheiden oder handeln sollten, ist nicht immer so deutlich, wie es auf den ersten Blick scheint.

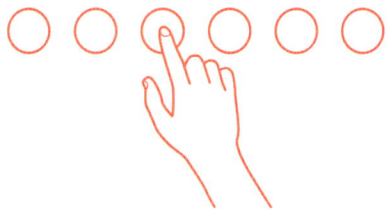

In den Kapiteln tauchen kurze, aufs Thema bezogene Bemerkungen über bedeutende Philosophen und Wissenschaftler auf. Am Ende des Buches finden Sie eine praktische Liste bemerkenswerter Philosophen sowie eine ausgewählte Referenzliste.

Kapitel 1

Wissen und Glaube

Zu glauben, dass man etwas weiß, ist dem Wissen so ähnlich, dass beides kaum zu unterscheiden ist. Fragen Sie nicht, *was Sie wissen*. Fragen Sie lieber, *was es bedeutet, etwas zu wissen. Was ist eine Erkenntnis?* Wir betrachten Vögel, Schmetterlinge, Lotterien, Smaragde, Erinnerungen, Placebos und Träume nicht, um etwas über diese Wirklichkeitsaspekte zu erfahren, sondern um die Paradoxien offen zu legen, die die Erkenntnislehre begleiten.

Das Paradoxon des Nichtwissens

Woher wissen wir, dass wir wissen, was wir glauben zu wissen? Statt darauf zu antworten, stellte der griechische Philosoph Sokrates, Platons Mentor, die Frage andersherum: Wäre es nicht weiser, nicht auf unseren Kenntnissen herumzureiten und die Grenzen unseres Nichtwissens anzuerkennen? Oder – wie er sich ausdrückte – „Ich behaupte nicht zu wissen, was ich nicht weiß."

Plato sagte (und bezieht sich auf eine Geschichte in der *Apologie*), dass Sokrates' Anhänger Chairephon einst das Orakel von Delphi darüber befragte, wer der weiseste Mann sei, worauf die Antwort Sokrates lautete. Als dieser davon erfuhr, war er sehr erstaunt. Später erkannte er, dass das Orakel meinte, dass er weise war, weil er nicht wie andere behauptete, über Wissen zu verfügen, das er nicht besaß. Nur Sokrates wusste, dass er nichts wusste.

Sokratische Methode

Diese Haltung bildet die Grundlage der sogenannten *Sokratischen Methode*, die – je nachdem, wie sie angewandt wird – eine gerissene Debattiertechnik oder der aufrichtige Versuch ist, der Wahrheit näher zu kommen. Anstatt eine eigene philosophische Theorie aufzustellen, suchen Sie sich jemanden, der behauptet, etwas zu wissen und fragen diese Person, warum sie glaubt, dies zu wissen. Sie stellen die Person entweder als Idiot bloß oder Sie beide erreichen ein tieferes Verständnis in dieser Sache. Genauso hat Sokrates es zum Verdruss vieler gemacht: Er durchstreifte Athen auf der Suche nach Menschen, die ihm Wissen vermitteln konnten, das ihm noch fehlte.

Ist es möglich, zu wissen, dass man nichts weiß?

Es ist umstritten, ob Sokrates eine solch radikale Ignoranz nur vorgab, denn schließlich stammen die meisten Informationen, die wir über ihn haben, aus den Schriften seines berühmtesten Schülers, Platon. Aber ebendiese Schriften zeigen einen Sokrates, der häufig alle möglichen Arten von Wissen für sich beanspruchte (was nun stammt von Sokrates und was von Plato …). Aber selbst, wenn der Spruch von ihm stammt – können wir wirklich wissen, dass wir nichts wissen? Ist die Erkenntnis über unser Nichtwissen nicht bereits Wissen? Darin scheint ein Paradoxon zu liegen: Um zu wissen, dass ich nichts weiß, muss ich zumindest etwas wissen (dass ich nichts weiß) und kann daher nicht behaupten, dass ich nichts weiß. Um fair gegen Sokrates (oder Platons Version von ihm) zu bleiben, behauptet er nicht direkt, nichts zu wissen, sondern dass er nicht beansprucht, was er nicht weiß. Aber ist das weniger paradox? Der österreichische Philosoph Ludwig Wittgenstein sagte: „Um dem Denken eine Grenze zu ziehen, müssen wir beide Seiten der vorstellbaren Grenzen betrachten." Wittgenstein bezieht sich hierbei auf die Sprache, aber das Prinzip lässt sich auch auf Wissen übertragen: Um zu wissen, dass ich nichts weiß, scheine ich eine *Grundlage* zu benötigen, anhand derer ich die Dinge aufteile in die, die ich weiß und die, die ich nicht weiß. Dafür ist ein logischer Schritt, dass ich angeben muss, *warum* ich die Dinge weiß, die ich weiß – was uns direkt zum Anfangsproblem zurückbringt, nämlich, *wie* ich behaupte, zu wissen, was ich weiß. Abhängig von der Interpretation ist Sokrates'

Behauptung entweder paradox (um zu wissen, dass man nichts weiß, muss man etwas wissen) oder sie erfordert Wissen, das die Philosophen vor und nach ihm beschäftigt hat (auf welcher Grundlage können wir behaupten, dass wir tatsächlich etwas wissen). Wie auch immer: Der Anspruch auf Nichtwissen scheint nicht weniger paradox als der Anspruch auf Wissen.

DAS ORAKEL VON DELPHI

Im antiken Griechenland gab es im Apollotempel in Delphi eins der berühmtesten Orakel und seine Hohepriesterin, die Pythia. Könige und Kaiser befragten sie in ihrem Heiligtum am Berg Parnassos vor wichtigen Entscheidungen.

Einst suchte König Krösus von Lydien ihren Rat, ob er gegen Persien in den Krieg ziehen sollte oder nicht. Er erhielt die Antwort, dass dadurch ein großes Reich zerstört werden würde. Das fasste er als günstiges Zeichen für sich auf,

griff Persien an und fand ironischerweise zu spät heraus, dass das Reich, das gestürzt wurde, sein eigenes war.

Die Vorhersagen des Orakels waren häufig doppeldeutig, vermutlich, um das Missfallen solch wichtiger Herren zu vermeiden. In diesem Fall hätte es bei jedem möglichen Ausgang des Kriegs recht behalten.

Menons Paradoxon

Mit dem Problem des sokratischen Nichtwissens verwandt ist der als Menons Paradoxon bekannte Fall. In Platons Menon-Dialog räumt Sokrates ein, dass ein Problem oder ein Widerspruch zwar manchmal entsteht, wenn eine Annahme falsch ist. Wie aber wissen wir, dass wir richtig liegen? Als Antwort zweifelt Menon den Wert der Suche nach Wissen an sich an: Entweder, sagt er, wissen wir, wonach wir suchen, dann gibt es keinen Grund für die Suche nach etwas, das wir bereits wissen. Oder wir wissen es nicht, dann werden wir auch nie finden, wonach wir suchen. Also ist die Suche nach Erkenntnissen paradox. Hat Menon recht?

Nehmen wir an, dass ich wissen möchte, wie Moldawiens Hauptstadt heißt. Ich starte eine Websuche und finde heraus, dass es Chișinău ist. Menons Argument besagt, dass, wenn ich diese neue Information als Wissen deklariere, ich bereits vorher über dieses Wissen verfügt haben muss, ansonsten kann ich nicht sicher sein, dass Chișinău die richtige Antwort ist. Natürlich kann ich mich auch verlesen haben, eine nicht verlässliche Quelle benutzt oder eine veraltete Information erhalten habe. Schließen wir dies alles aus, so scheint es, dass Menon Unmögliches voraussetzt: Um Wissen zu erwerben, müssen wir es bereits besitzen.

Sophistik

Unter heutigen Philosophen ist die Meinung verbreitet, dass Menons Argument Sophistik oder ein logischer Trick ist. Das verdeutliche ein anderes Beispiel: Sie legen ein Puzzle und bemerken bestürzt, dass das letzte Teil fehlt. Nun handelt es sich um ein Puzzle, das nicht auf der Schachtel abgebildet ist. Während Sie nach dem fehlenden Teil unter dem Sofa, im Katzenbett oder in anderen Puzzlekartons suchen, schwebt Ihnen vor, wie es aussehen könnte. Es gehört in die Mitte von Büschen mit rosa Blüten, also sollte es grün und rosa sein, die Form ergibt sich durch die Lücke. Sie kennen das Teil nicht, haben aber eine Vorstellung davon und sind sich sicher, es zu erkennen, wenn Sie es sehen.

MENONS SKLAVE

Platons Antwort auf Menons Paradoxon ist unter anderem der Versuch zu beweisen, dass Wissen auf gewisse Weise von Geburt an vorhanden ist.

Um dies zu demonstrieren, spricht er mit einem Jungen, einem Sklaven Menons, über den berühmten Satz des Pythagoras, über rechtwinklige Dreiecke. Der Junge war nie in Mathematik unterrichtet worden, zeigte aber aufgrund der sorgfältig formulierten Fragen von Sokrates ein scheinbar intuitives Verständnis des Konzepts. Daraus schließt

Platon, dass Bildung nicht bedeutet, Wissen in jemanden einzupflanzen, als vielmehr es aus ihm herauszulocken.

Hat er recht? Liest man Platons ursprünglichen Text, erkennt man, dass einen Sokrates' Fragen an die Hand nehmen. So lässt sich nicht bestimmen, ob der Junge tatsächlich eigenständig zu „Wissen" gelangt. Dennoch wird auch Platons Ansicht deutlich: Dass wir, bevor wir etwas lernen, einen Rahmen benötigen, in den das Wissen passt. Dann vielleicht ist Wissen angeboren.

Menons Trick

Und so funktioniert auch Menons Trick: Zu wissen, was passen würde, ist etwas anderes, als das fehlende Teil im Detail zu kennen. Das ist auf Wissen allgemein anwendbar. Suchen wir etwas, das wir nicht kennen, vermuten wir häufig, dass die fehlende Information zu den Dingen passt, die wir schon kennen. Astrophysiker beobachten bei einem entfernten Planeten eine unregelmäßige Kreisbahn, kennen aber die Ursache nicht. Anhand ihres Wissens über Masse und Gravität, jedoch ohne exakte Informationen über den Auslöser der Unregelmäßigkeit, stellen sie Vermutungen an (ein schwarzes Loch, ein anderer, bisher unentdeckter Planet oder etwas anderes).

Während Menons Rätsel kein Paradoxon ist, enthüllt es doch etwas Interessantes über das Wissen: Um etwas zu wissen, müssen wir die Art der Sache kennen, nach der wir suchen. Daher lehnte Platon

Menons Argument nicht als falsch ab, sondern fand darin die Wahrheit, dass all unser Wissen Erinnerung ist. Platon formuliert das so, dass die Seele fähig ist, Dinge aufgrund von Wissen zu erinnern, das durch göttliches Zutun in uns vorhanden ist und uns fürs Leben einen Vorteil verschafft.

Was ist möglich zu wissen?

Kant ist weniger mystisch, aber ähnlicher Auffassung, wenn er sagt, dass das, was wir wissen können, im Vorhinein durch das Wesen der menschlichen Vernunft und Wahrnehmung bestimmt wird. Oder anders ausgedrückt: Wir können nur wissen, was uns möglich ist zu wissen, was wir unserer eigenen Natur nach verstehen können. Das bedeutet allerdings, dass es Dinge gibt, die uns für immer verschlossen bleiben. Was das ist, können wir natürlich nicht wissen.

Der Kartesische Kreis

Mit dem Ichbewusstsein (*Cogito*) – ein denkendes Wesen kann seine Existenz nicht anzweifeln – glaubte Descartes, eine sichere Grundlage für Wissen im Allgemeinen (den *Fundamentalismus*) gefunden zu haben. Berühmt wurde sein Bemühen, weil es ein Paradoxon enthielt, das seither als *Kartesischer Kreis* bekannt ist.

Um das Cogito zu erreichen, hielt Descartes sich an drei zunehmend radikaler werdende Szenarios oder Zweifel: sich niemals auf die Sinne verlassen, Traum und Realität lassen sich nicht unterscheiden und ein böser Geist könnte uns in allen Dingen trügen. Bezüglich des letzten Punkts kam er schließlich zu der Überzeugung, dass auch dieser ihn nicht dazu bringen könnte, zu glauben, er würde nicht existieren. Aber warum? Hier entwirrt sich die Sache.

Logik versus Wahrnehmung

Descartes argumentierte, dass die Sicherheit des Cogito in seiner klaren und eindeutigen Wahrheit liege. Einige Erfahrungen sind undeutlich und unklar: Ein Stechen in der Seite verrät nicht unbedingt seine Ursache, ein flüchtiger Eindruck in der Ferne kann ein Vogel oder ein Flugzeug sein – aufgrund solcher Situationen lehnte Descartes die Sinne als unzuverlässig ab. Im Gegensatz dazu sind zum Beispiel das Cogito und bestimmte mathematische oder logische Prinzipien unwiderruflich. 2 + 2 = 4 bleibt Fakt und ändert sich nicht und ist auch keine subjektive Wahrheit, die sich von Person zu Person wandelt. Solange wir uns an Ideen halten, die diesen Stempel der Zustimmung tragen, geht es uns gut. Aber woher wissen wir, dass wir diesem Stempel trauen können?

Wir erinnern uns: Der hypothetische Dämon ist allgegenwärtig. Wodurch werden klare und eindeutige Gedanken vertrauenswürdig? Descartes' Antwort darauf ist leider Gott, der nicht betrügerisch ist und die Menschen mit der Fähigkeit ausgestattet hat, klar und eindeutig zu erkennen, welche Gedanken wahr sind. Ich sage „leider", weil Descartes nun beweisen muss, dass Gott existiert. Und wie schafft er das?

Gibt es Gott?

In Descartes' *Meditationen* finden sich Argumente für die Existenz von Gott. Zum einen dieses: Ich habe die Vorstellung eines unendlichen Wesens in mir. Da ich selbst sterblich bin, kann ich diese Idee nicht selbst entwickelt haben und sie scheint auch von nirgendwoher zu kommen, so dass Gott selbst mir diese Vorstellung mitgegeben hat, wie eine Signatur von ihm. Oder das ontologische Argument: Da Gott gemäß traditioneller Definition ein vollkommenes Wesen ist, wäre es nicht unvollkommen von ihm, nicht zu existieren? Daher muss er existieren.

Ob diese Argumente Sie überzeugen oder nicht, ist hier nicht wichtig – Philosophen diskutieren ihre Pros und Kontras seit Jahrhunderten. Wichtig ist ihre Rolle in Descartes' System, Wissen allgemein zu sichern. Das Problem dabei ist folgendes: Sind seine Gottesbeweise logisch auch einwandfrei, wie kann er auf sie vertrauen? Wie Mathematik oder das Cogito sind sie klar und eindeutig wahr. Und was garantiert, dass etwas Klares und Eindeutiges wahr ist? Gottes Existenz. Die logischen Argumente, die klar und eindeutig beweisen, dass er existiert … Ein Teufelskreis. Ein Paradoxon.

Und nun ein Gedanke nicht nur für Theisten: Wie können Sie sicher sein, dass 2 + 2 = 4 ist? Wenn Sie behaupten, dass das logisch unumstößlich ist oder sich nicht widerlegen lässt, was garantiert Ihnen, dass diese Regeln selbst vertrauenswürdig sind? Es scheint, dass jeder Versuch, zu beweisen, dass bestimmte fundamentale Wahrheiten bestehen, selbst anfechtbar sind. Und darin liegt das Problem des Fundamentalismus.

FUNDAMENTALISMUS

Descartes argumentiert, dass, wenn wir etwas wissen möchten, wir eine Bewertungsgrundlage brauchen, die unumstößlich ist. Dieser Ansatz, bekannt als Fundamentalismus, sucht also nach absolut sicheren „Fundamenten" für unser Wissen.

Allerdings haben wir gesehen, dass dieser Ansatz nicht ganz unproblematisch ist. Wir könnten sogar seine Notwendigkeit in Frage stellen. Anders geht die Kohärenztheorie vor: Annahmen werden danach untersucht, ob sie zu anderen passen, die wir mit Bestimmt-

heit glauben können. Während sich Descartes' Ansatz wie eine auf dem Kopf stehende Pyramide darstellt, bei der die Kernannahmen unten platziert sind, ähnelt die Kohärenz eher einem Puzzle, bei dem wir entscheiden müssen, ob das neue Teil das „Gesamtbild" verbessert.

Aber auch dieser Methode haften Probleme an: Jahrhundertelang lehnten Astronomen und Theologen Beweise ab, die den Geozentrismus (die Erde ist Mittelpunkt des Weltalls) widerlegten, einfach, weil diese Ansicht nicht „passte".

Die Gettier-Probleme

Was ist Wissen? Platons Definition, zuerst erschienen in seinem *Theaitetos*, wurde lange Zeit von ihm nachfolgenden Philosophen akzeptiert: Wissen ist ein gerechtfertigter, aufrichtiger Glaube. Wir wissen etwas, wenn, und nur wenn, unsere Ansicht aufrichtig ist und sie durch starke Beweise untermauert ist. Auf den ersten Blick scheint das vernünftig zu sein. Spekulationen werden so vermieden, ebenso verbreitete, aber letzten Endes falsche Annahmen. Natürlich bereiten auch hier einige Aspekte Probleme. Wie wir im Lotterie-Paradoxon sehen werden, ist nicht geklärt, wie viele stützende Beweise genug sind. Daneben gibt es auch noch die Frage, ob jemand behaupten kann, etwas zu „wissen", ohne dass es in dieser Sache eine absolute Sicherheit geben kann – das Wort „wissen" einfach zu verbannen scheint etwas zu harsch zu sein. Doch viele Jahre lang war Platons dreiteilige Definition von Wissen weitestgehend akzeptiert.

Der Wendepunkt kam mit einem Artikel aus dem Jahr 1963 von Edmund Gettier, in dem es heißt, dass es nachvollziehbare Situationen gibt, in denen Platons Kriterien anwendbar sind, aber in denen wir dennoch nicht von „Wissen" sprechen würden. Ein Beispiel, mit dem Gettier dies demonstriert, ist das mit den Herren Smith und Jones, die sich für denselben Job bewerben. Smith hat zwei begründete Annahmen: (1) Jones bekommt den Job und (2) Jones hat zehn Münzen in seiner Tasche. (Wir müssen uns nicht darum kümmern, warum Smith davon weiß, vielleicht hat es ihm jemand verraten oder er hat gesehen, wie Jones seine Barschaft zählt, während sie auf das Bewerbungsgespräch warten.) Aufbauend auf diese beiden Annahmen formuliert er (3), „dass der Mann, der den Job bekommt, zehn Münzen in seiner Tasche hat." Dann aber wird Smith eingestellt und hat – welch ein Zufall! – selbst zehn Münzen in der Tasche. Smith hatte also recht, zwar aus

den falschen Gründen, was aber unerheblich ist, denn er erfüllte alle von Platons Kriterien: Er hatte eine Annahme (3), er hatte Grund zu glauben, diese Annahme (3) sei wahr und (3) sie ist tatsächlich wahr. Dennoch – richtig ist das nicht, oder? Und da setzt Gettier an: Kaum jemand würde das als Wissen bezeichnen, dennoch scheint Platons weithin akzeptierte Definition nicht zu erklären, warum das so ist.

Rechtfertigung des wahren Glaubens

Seit Erscheinen von Gettiers Artikel standen Philosophen Schlange, um die Lücke zu stopfen, auf die er hingewiesen hatte. Alvin Goldman beispielsweise meint, dass eine Annahme nur dann gerechtfertigt ist, wenn der Weg, der dazu führte, angemessen ist: Smith glaubte, dass der erfolgreiche Kandidat zehn Münzen in der Tasche hätte, weil er das bei Jones beobachtet hatte (ohne zu ahnen, dass er selbst ebenso viele Münzen hatte), so ergab sich

DEFINITION VON WISSEN

Wissen zu definieren scheint problematisch zu sein. Platon selbst hatte mit seiner dreiteiligen Definition zu kämpfen. Ein anderer Ansatz kommt von dem österreichischen Philosophen Ludwig Wittgenstein, der zu bedenken gab, dass die Schwierigkeiten daher rühren, dass wir nicht anerkennen, dass Sprache keiner Logik folgt und dass Konzepte im sozialen Verhalten und gesellschaftlicher Praxis eingebettet sind.

Definieren wir das Wort „Spiel": Nicht alle Spiele beinhalten einen Wettbewerb. Wäre er ein wichtiges Kriterium, wären kein Kausaler Zusammenhang zwischen seinem Beweis und seiner Annahme. Alternativ schlagen Keith Lehrer und Thomas Paxson vor, dass wahrer Glaube so lange gerechtfertigt ist, wie es keine andere Wahrheit gibt, die, wäre sie bekannt gewesen, zu einer anderen Annahme geführt hätte (hätte Smith gewusst, dass Jones den Job nicht bekommt, hätte er seine Ansicht über die Anzahl der Münzen in der Tasche des erfolgreichen Kandidaten geändert).

Spiele wie Hinkepinke oder Klatschspiele ausgeschlossen. Wird „Spiel" zu weit definiert, könnten sich darin Dinge finden, die nichts mit Spiel zu tun haben, wie etwa Kampfhandlungen. „Spiel" wird also nicht durch feste Kriterien definiert, sondern eher durch ein ganzes Netzwerk an Bedeutungen, die verwandt sind wie Mitglieder einer Familie.

Wittgenstein regte an, statt Wissen zu definieren, das Konzept in Relation zu den Grenzen und Konventionen von Sprache zu untersuchen.

Natürlich ist nichts davon wirklich paradox, es zeigt lediglich, dass Platons Kriterien (und die anschließenden Versuche, sie weiterzuentwickeln) unzureichend sind. Das größere Problem besteht darin, dass wir in dieser langanhaltenden Kontroverse der Lösung keinen Schritt nähergekommen sind. Könnte das paradoxerweise bedeuten, dass eine klare Definition von Wissen selbst etwas ist, das wir nicht wissen können?

Zwei Paradoxien über den Glauben

Der englische Philosoph G. D. Moore (1873-1958) bemerkte während einer Vorlesung, wie absurd es sei, Aussagen wie „Es regnet, ich glaube nicht, dass es regnet" zu treffen. Als Ludwig Wittgenstein (1889-1951) dieser Ausspruch zu Ohren kam, fiel ihm sofort die paradoxe Natur des Gesagten auf. Er betrachtete sie als Moores wichtigste philosophische Entdeckung und gab ihr den Namen „Moores Paradoxon".

Aber was ist daran so bemerkenswert? Ja, die Aussage ist absurd. Aber das trifft auf viele andere auch zu. Was ist hier so besonders?

Erstens ist klar, dass beide Teile von Moores Satz zu gleicher Zeit wahr sein können. Es ist absolut möglich, dass (1) es regnet und (2) ich nicht glaube, dass es regnet. Darin liegt keine Absurdität. Zweitens kann ich bei Abwesenheit von Absurdität beide Teile behaupten. Es ist sogar ganz und gar akzeptabel, beide Teile gleichzeitig zu behaupten und sich auf eine dritte Partei zu berufen: „Es regnet, sie glaubt nicht, dass es regnet." Um dem die Krone aufzusetzen, stimmen beide

Aussagenteile immer, wenn ich den Satz in die Vergangenheit setze: „Es regnete draußen, ich glaubte nicht, dass es regnete." Das Paradoxe liegt darin, dass ich nicht immer beide Teile gleichzeitig äußern kann, obwohl sie überhaupt nicht widersprüchlich sind. Wenn etwas in sich nicht widersprüchlich ist, wieso kann es das unter Umständen dennoch sein? Warum kann ich den Satz: „Es regnet, ich glaube nicht, dass es regnet" nicht sagen? Denken Sie darüber nach, bevor Sie weiter lesen.

Eine mögliche Lösung

Für Moores Paradoxon gibt es keine eindeutige Lösung. Die am weitläufigsten

akzeptierte ist die von Moore selbst, dass eine Behauptung Glauben voraussetzt. Oder anders: Wenn ich behaupte, dass es regnet, impliziert das meinen Glauben daran. Damit ist die Aussage „Es regnet, aber ich glaube nicht, dass es regnet" tatsächlich widersprüchlich, weil die Aussage Folgendes ausdrückt: „Ich glaube, es regnet, aber ich glaube nicht, dass es regnet."

Das Placebo-Paradoxon
Moores Paradoxon demonstriert, dass es tückisch sein kann, etwas zu glauben. Ein weiteres Beispiel dafür ist das Placebo-Paradoxon, das von Peter Cave erdacht wurde und etwa so lautet: Ein Placebo verfügt über keine pharmazeutischen Eigenschaften und wirkt nur, weil ich daran glaube. Also heilt mich nicht das Placebo, sondern mein Glaube. Was geschieht nun aber, wenn ich weiß, dass ich ein Placebo zu mir nehme? Das Placebo wird unwirksam. Es heilt mich nur, wenn ich glaube, dass es das kann, aber ich glaube nicht,

dass es mich heilt, nur weil ich glaube, dass es das kann. Ich kann auch glauben, dass ein Placebo mich heilte, weil ich daran glaubte. Jedoch kann ich nicht glauben, dass ein Placebo mich heilen wird, nur weil ich glaube, dass es das wird.

DER WILLE ZU GLAUBEN

Bis ich Ende Zwanzig war, war ich [Gary Hayden] Mitglied in einer Kirchengemeinde, die daran glaubte, dass „Glaubensgebete" Kranke heilen konnte. Leider erlebten wir niemals eine solche Heilung.

Oft wurde unser schwacher Glaube als Grund angeführt. Die Bibel sagt: „Und er [Jesus] tat daselbst nicht viel Zeichen um ihres Unglaubens willen." (Matthäus 13,58). Damit waren wir in unsere Schranken verwiesen.

Wir sollten glauben und die meisten bemühten sich nach Kräften. Aber darin lag das Dilemma: Gott würde erst Wunder vollbringen, wenn wir glaubten. Und wir würden erst glauben, wenn Gott Wunder getan hätte.

Aber vielleicht bin ich zynisch. Vielleicht kann man allein durch Willenskraft einen Glauben annehmen. Der Mathematiker und Philosoph Blaise Pascal war jedenfalls dieser Meinung (S. 108-109).

Leben

René Descartes

„Vor einigen Jahren fiel mir auf, dass ich als Kind vieles akzeptiert habe, was falsch ist und wie demgemäß zweifelhaft das Wissen ist, das ich auf diesen Erkenntnissen errichtet habe…", so Descartes in seiner ersten Meditation.

Zu Lebzeiten des französischen Philosophen René Descartes (1596-1650) fand ein intellektueller Aufbruch statt. Die Erziehungsanstalten seiner Zeit, die unter kirchlicher Kontrolle standen, hielten sich im Lehrplan an alten Texten, der Bibel und den Werken von Aristoteles fest.

Das moderne wissenschaftliche Erkenntniskonzept, das Wert auf freie Forschung und Recherche aus erster Hand legt, fing gerade an, sich durchzusetzen. Ein Resultat war der Umsturz alter „Tatsachen", wie das Kreisen der Sonne um die Erde.

Descartes war ein erstklassiger Philosoph, Mathematiker und Wissenschaftler. Die Unzulänglichkeit seiner frühen Erziehung wurde ihm schmerzlich bewusst, da vieles, was er gelernt hatte, sich später als falsch erwies.

Dieser Fehler sollte ihm nie wieder unterlaufen und so stellte er die neuen wissenschaftlichen Methoden auf ein festes Fundament. Er sah sich selbst als Baumeister, der ein altes Konstrukt abreißt und es auf neuen Fundamenten neu errichtet.

Der Methodische Zweifel

Descartes bediente sich des Methodischen Zweifels. Er lehnte systematisch jede seiner Annahmen ab, an der er auch nur den geringsten Hauch von Skepsis fand. Am Ende, so hoffte er, würde er mit unzweifelhaften Erkenntnissen dastehen, als Grundlage für neue Wissenschaften.

Der Methodische Zweifel besteht aus drei Stufen.

Stufe 1: Unverlässliche Sinne

„Alles, was ich bisher als unumstößlich akzeptiert habe, habe ich über meine Sinne erfahren. Jedoch haben sie mich gelegentlich in die Irre geführt…"

Die Sinne führen uns manchmal in die Irre. Zum Beispiel wirkt der Mond größer, wenn er näher am Horizont steht, Hitze lässt eine trockene Straße nass erscheinen, eine runde Münze sieht aus bestimmten Blickwinkeln wie ein Oval aus. Daher müssen wir auf der Hut sein, unseren Sinnen zu trauen. Natürlich gibt es auch verlässliche Beobachtungen. Würden Sie beispielsweise anzweifeln, dass Sie gerade diese Zeilen lesen?

Stufe 2: Das Traum-Argument

„Also gut. Aber bin ich es nicht gewohnt, nachts zu schlafen und dieselben Erfahrungen im Schlaf zu machen?"

Vielleicht ist die Überzeugung, dass Sie gerade dies Buch lesen, doch falsch. Schließ-

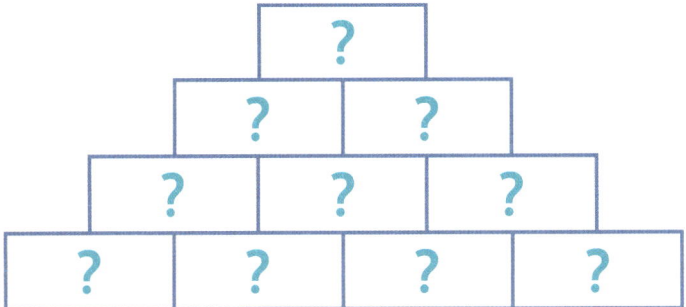

lich könnten Sie das ebenso gut träumen. Unsere Traumerlebnisse fühlen sich häufig absolut real an – im Schlaf. Sind Sie sicher, dass Sie gerade nicht schlafen und träumen, Sie läsen dieses Buch?

Es gibt keinen absolut verlässlichen Weg, zwischen Traum und Wachsein zu unterscheiden, also können Sie nicht wirklich entscheiden, ob Ihre augenblicklichen Erfahrungen Wirklichkeit sind.

Möglich, dass Sie dieses Buch im Moment nicht wirklich in Ihren Händen halten, aber es muss Bücher und Hände geben, sonst würden Sie schwerlich davon träumen können, oder?

Stufe 3: Genius malignus

„Ich will also annehmen, dass … ein boshafter Geist, zugleich mächtig und listig, all seine Klugheit anwendet, um mich zu täuschen."

Aber noch einmal: Vielleicht ist alles nur Einbildung und ein Dämon oder böser Geist manipuliert Sie dahingehend, alles Mögliche anzunehmen, was unwirklich ist.

Vielleicht gibt es gar keine Hände und Bücher – oder Bäume, Sonnenuntergänge, Farben und Formen. Möglicherweise hat der Genius malignus Sie dermaßen um den Verstand gebracht, dass das Wissen, dass Eins plus Eins Zwei ergibt, eine einzige Täuschung ist.

Lasse ich diese Möglichkeit zu, wie kann ich mir dann bei irgendetwas sicher sein? Gewiss kann nichts einem solch alles verschlingenden Zweifel standhalten.

Ich denke, also…

Denken Sie bitte nicht, dass Descartes ernsthaft annahm, ein böser Geist würde ihn irreleiten. Er setzte die Übertreibung als Mittel in dem Gedankenexperiment ein, um herauszufinden, ob irgendein Wissen gegen Zweifel immun ist.

Erstaunlicherweise fand er eins: das um seine eigene Existenz. Schon sein Denken und Zweifeln setzten diese voraus. Diese einfache und wunderbare Erkenntnis ließ ihn das am meisten bejubelte Schlagwort der Philosophie niederschreiben: „Ich denke, also bin ich." Endlich hatte Descartes ein solides Fundament für sein neues Erkenntnisgebäude gefunden. Wie er das zu seiner Zufriedenheit umgesetzt hat, steht in den wunderbaren *Mediationen über die Grundlagen der Philosophie*.

Schmetterlingstraum

„Ich hatte einmal den Traum, dass ich, Chuang Tzu, ein Schmetterling war. Mit meinem ganzen Sinnen und Trachten war ich ein Schmetterling, der kein Bewusstsein dafür hatte, ein Mensch zu sein. Plötzlich erwachte ich und war wieder ich selbst. War ich ein Mensch, der träumte, er sei ein Schmetterling oder war ich ein Schmetterling, der träumte, er sei ein Mensch? Ich weiß es nicht."

Dieses exquisite Paradoxon stammt von dem chinesischen Philosophen Chuang Tzu. Seiner Erfahrung nach kann er sowohl der träumende Mensch, als auch der träumende Schmetterling gewesen sein. Die erste Möglichkeit liegt uns viel näher, aber warum? Wahrscheinlich wäre das häufigste Argument, dass der Schmetterlingstraum nur eine winzige Episode innerhalb einer langen Lebenszeit als Mensch ist. Aber wissen wir denn sicher, dass Träume durch ihre Dauer charakterisiert werden?

Das Leben ist nur ein Traum

Chuang Tzu sinnierte über seinen Schmetterlingstraum im 4. Jahrhundert vor Christus. Zur selben Zeit schlug sich auch Platon (428-238 v. Chr.) in Athen mit eben diesem Problem herum.

In seinem Dialog Theaitetos lässt er Sokrates sagen: „Du siehst also, dass das Bestreiten nicht schwer ist, wenn sogar darüber gestritten werden kann, was Schlaf ist und was Wachen. Und da die Zeit des Schlafens der des Wachens ziemlich gleich ist und die Seele in jedem von diesen Zuständen behauptet, dass die ihr jedes Mal gegenwärtigen Vorstellungen auf alle Weise wahr sind, so behaupten wir eine gleiche Zeit hindurch einmal, dass das eine,

dann wieder ebenso, dass das andere wirklich ist, und beharren beide Male gleich fest auf unserer Meinung."

Wirklich und unwirklich

Was aber, wenn die Dinge gar nicht entweder wirklich oder unwirklich sein müssen, sondern beides sind? Der österreichische Physiker Erwin Schrödinger nähert sich dieser Annahme in einem Gedankenspiel namens Schrödingers Katze.

In seinem berühmten Paradoxon setzt Schrödinger eine Katze in eine geschlossene Kiste, in der ein zufälliges subatomares Ereignis, wie zum Beispiel der Zerfall eines Atomkerns, ein Giftgas freisetzen kann. Gemäß der Kopenhagener Interpretation der Quantenmechanik existiert ein Teilchen in allen möglichen Zuständen gleichzeitig – der tatsächliche Zustand zeigt sich erst in der Beobachtung. Schrödinger treibt diese Annahme so weit, dass er sagt, die Katze ist gleichzeitig tot und lebendig.

Manche behaupten, dies würde die Kopenhagener Interpretation (S. 72-73) ad absurdum führen. Häufiger jedoch wird Schrödingers Katze als Beispiel für die merkwürdigen Ereignisse in der Quantumebene herangezogen.

TRÄUMEN ODER NICHT TRÄUMEN

Vielleicht ist Sokrates in dem Gespräch ein klein wenig schalkhaft, aber er wirft einige interessante Fragen auf:

- Wie können wir sicher sein, dass das, was wir „Wirklichkeit" nennen, kein „Traum" ist und andersherum?

- Könnte das ganze Leben ein Traum sein und die „Träume" in Wirklichkeit Träume in einem Traum?

In seiner ersten Meditation schrieb René Descartes (S. 14-15): „Ich bin mir deutlich bewusst, dass es keine verlässlichen Mittel gibt, die mir sagen, ob ich schlafe oder wach bin." Hat er etwas übersehen? Kennen Sie eine Möglichkeit, um mit absoluter Sicherheit festzustellen, ob Sie gerade in diesem Moment schlafen oder nicht?

DIE BEATLES

Ende der 70er Jahre, ich war in meiner frühen Teenager-Zeit, wurde ich ein Fan der Beatles. Zu dem Zeitpunkt war die Band bereits seit fast zehn Jahren getrennt, über die einzelnen Mitglieder wusste ich nicht viel.

Eines Nachts träumte ich, ich würde eine Fernsehdokumentation ansehen, in der berichtet wurde, dass John, Paul, George und Ringo Profi-Fußballer beim Liverpool F.C. gewesen waren. Vor meinem geistigen Auge sehe ich noch die Szenen vor mir, in denen sie im Anfield-Stadion umher rannten.

Ich war wochenlang nicht sicher, ob ich geträumt hatte oder nicht. Unwahrscheinlich war es ja, dass die Beatles Top-Fußballspieler gewesen waren, aber der Traum – wenn es einer war – hatte so echt gewirkt. Später erfuhr ich, dass die Beatles niemals als Profis Fußball gespielt haben.

Heute weiß ich selbstverständlich, dass ich damals geträumt habe. Außer – ich habe nur geträumt, dass ich weiß, dass sie niemals Fußball gespielt haben!

Die Lotterie

Die Ausgangssituation: eine faire Lotterie mit einer Million Lose. Es besteht eine äußerst unwahrscheinliche Gewinnchance für ein Los. Daher ist unsere Annahme gerechtfertigt, dass es verlieren wird. Das gleiche gilt ebenso für alle anderen Lose. Daher ist es begründet, zu glauben, dass alle Lose verlieren werden, obwohl eins gewinnen wird.

Im ersten Impuls könnten wir das Lotterie-Paradoxon mit einem Achselzucken abtun, da es verdächtig nach Wortspielerei aussieht. Der Sprung von „äußerst unwahrscheinliche Gewinnchance" zu „ist unsere Annahme gerechtfertigt, dass es verlieren wird" erscheint doch zu unbedeutend.

Doch eine nähere Betrachtung lohnt sich. Begleiten Sie uns!

Begründeter Glaube

Wie viel Sicherheit braucht es, um aus einem Glauben einen begründeten Glauben zu machen? Oder anders ausgedrückt: Welcher Irrtumswahrscheinlichkeit kann ein begründeter Glaube standhalten? Während ich schreibe sitze ich beispielsweise in einem Café in Ho-Chi-Minh-Stadt in Vietnam und trinke eine Cola light. Ich habe Cola light bestellt, also ist es auch eine, außerdem steht das auf der Dose. Sicher würde mir keiner das Recht auf die

begründete Annahme absprechen, dass ich gerade Cola light trinke. Trotzdem könnte ich falsch liegen. In der Cola-Fabrik könnte aus Versehen zuckerhaltige Cola in die Dose gefüllt worden sein. Oder das Café serviert gefälschte Cola light in authentisch aussehenden Dosen. Möglicherweise träume ich nur, dass ich Cola light trinke (S. 15-17).

Die Szenarien, in denen ich mich irre, sind doch sehr unwahrscheinlich, sagen wir eine Million zu eins. In diesem Fall ist mein Glaube, Cola light zu trinken, begründet, obwohl die Wahrscheinlichkeit dagegen bei einer Million zu Eins liegt.

Zurück zur Lotterie

Es gibt also eine Chance von einer Million zu Eins, dass ich keine Cola light trinke, derselbe Wert wie für den Fall, dass ein einzelnes Lotterielos gewinnt. Mein Glaube daran, Cola light zu trinken, ist begründet.

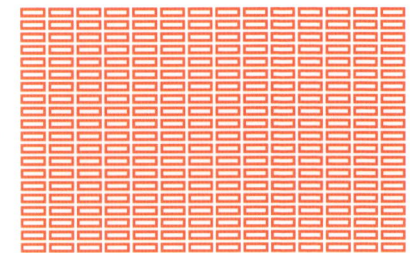

Daher muss meine Annahme, dass das Lotterielos verliert, ebenso begründet sein. Jetzt kehren wir unter einem neuen Gesichtspunkt zum Lotterie-Paradoxon zurück. Wir können also mit Fug und Recht glauben, dass jedes Los verliert, obwohl wir wissen, dass eins gewinnen muss. Folglich gibt es einen Glauben ohne Bestand, aber mit Begründung.

Stoff zum Nachdenken

Welche von den folgenden zwei Antworten auf das Lotterie-Paradoxon spricht Sie mehr an?

Erstens: Wir verdrängen unser Wissen, dass ein ausgehändigtes Los verlieren wird. Im Gegensatz zum Paradoxon gibt es keine Berechtigung anzunehmen, dass das Los verlieren wird. Und niemand glaubt das. Ganz im Gegenteil. Jeder weiß, dass ein Lotterielos die verschwindend geringe Chance hat, zu gewinnen. Sonst würde niemand eins kaufen.

So widerlegt man elegant das Paradoxon, wirft damit jedoch eine Frage auf: Warum darf ich nicht daran glauben, dass ein Ticket verlieren wird, jedoch behaupten, ich weiß, dass ich gerade Cola light trinke? Besteht für beides nicht eine ähnliche Chance auf Irrtum?

Alternativ könnten wir die Gründe für unser Wissen untermauern. Das Lotterie-Paradoxon basiert auf der Annahme, dass ein Glaube berechtigt sein kann, auch wenn es möglich ist, sich dabei zu irren.

Um das Paradoxon zu umgehen, schnallen wir das Regelwerk fester und behaupten, ein Glaube ist nur dann begründet (wir wissen nur dann etwas), wenn ein Irrtum absolut ausgeschlossen ist.

Das hat aber seinen Preis, denn es bedeutet, dass wir nur sehr wenig, wenn überhaupt etwas, wirklich wissen, siehe hierzu auch Descartes Gedanken auf den Seiten 14-15.

Leben

David Hume

Der Schotte David Hume (1711-1776) gilt als einer der größten Philosophen aller Zeiten. Ihn interessierten besonders die erkenntnistheoretischen Fragen – was wir wissen und auf welche Weise wir Wissen erlangen.

Seine Werke, unter ihnen *Ein Traktat über die menschliche Natur* und die posthum veröffentlichten *Dialoge über natürliche Religion*, haben einen großen Einfluss ausgeübt. Ihre Lektüre bereitet große Freude.

Beziehungen der Vorstellungen und Tatsachen

„Alle Gegenstände des menschlichen Denkens und Forschens zerfallen von Natur in zwei Klassen, nämlich in Beziehungen der Vorstellungen und in Tatsachen." (Hume, *Untersuchungen über den menschlichen Verstand*)

Hume meint, es gibt nur zwei gültige Gebiete der menschlichen Erforschung: Beziehungen der Vorstellungen und Tatsachen. Arithmetik, Geometrie, Algebra usw. gehören zur ersten Kategorie. Mathematische Aussagen wie „Zwei plus Drei ergibt Fünf" können durch einen Denkprozess verstanden werden, da sie Beziehungen zwischen verschiedenen Zahlen ausdrücken. Ähnlich der Satz aus der Geometrie, der Beziehungen widergibt: Die Summe der Winkel in einem Dreieck ergibt 180°. Diese Dinge wissen wir mit absoluter Sicherheit. Ihnen zu widersprechen, ist nicht nur falsch, sondern absurd.

Tatsachen hingegen sind keine Aussagen über Vorstellungen. Sie sind Aussagen über die Welt. Beispiele: „Die Sonne ist größer als der Mond", „Ein losgelassener Stein fällt zu Boden" und „Diese Tinte ist schwarz". Um den Wahrheitsgehalt festzustellen, müssen die tatsächlichen Gegebenheiten untersucht werden. Alle abstrakten philosophischen Spekulationen zusammen könnten den Satz „Die Tinte ist schwarz" nicht beweisen. Anders als bei den unumstößlich beweisbaren Beziehungen der Vorstellungen ist das Wissen empirischer Tatsachen nicht mit absoluter Sicherheit möglich. Es besteht immer die Möglichkeit, wenn auch nur eine winzige, dass wir falsch liegen (S. 14-17).

Die Humesche Gabel

Zur Erinnerung: Es gibt nur zwei gültige Felder der menschlichen Erforschung, nämlich die Beziehungen der Vorstellungen und Tatsachen. Das führt zu einem wichtigen Prinzip, der Humeschen Gabel.

Stoßen wir auf mutmaßliche Erkenntnisse, gibt es zwei Fragen: „Ist es den Beziehungen der Vorstellungen zuzuordnen?" und „Ist das eine empirische Tatsache?". Werden beide Fragen verneint, ist die so genannte Erkenntnis – und wirkt sie noch so clever – lediglich Unsinn. Diese einfache, aber machtvolle Einsicht veranlasste Hume, abstrakte philosophische Spekulationen wie die Beschaffenheit von Gott und die Existenz der Seele, zu verwerfen. „Nimmt man ein beliebiges Buch zur Hand, zum Beispiel über Gott oder

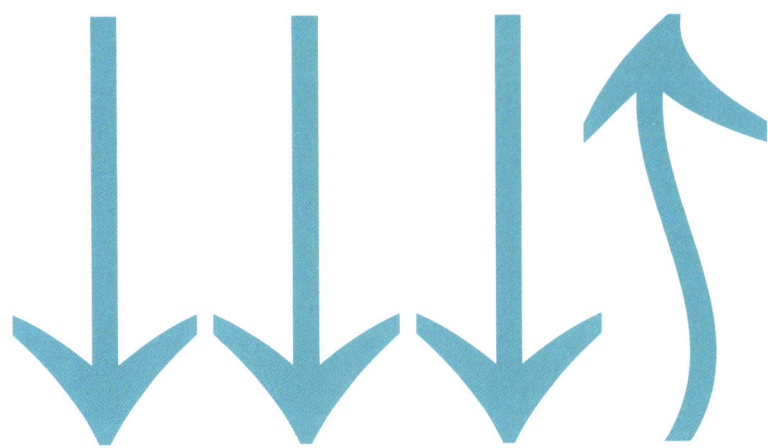

Metaphysik: Finden wir darin abstrakte Diskussionen über Quantität und Zahl? Nein. Finden wir darin experimentelle Diskussionen über Tatsachen und wirkliches Dasein? Nein. Werft sie in die Flammen, denn sie enthalten nichts als Sophisterei und Blendwerk."

Das Induktionsproblem

Einer der bedeutendsten Beiträge Humes zur Philosophie war das Problem mit der Induktion, das seither andere Philosophen quält, erstaunt und verdutzt.

Induktion bezeichnet das Ableiten allgemeiner Folgerungen aus der Beobachtung einzelner Ereignisse. Hat jemand viele weiße Schwäne gesehen, würde er induktiv schließen, dass alle Schwäne weiß sind. Die Induktion ermöglicht es uns, zukünftige Ereignisse aufgrund gemachter Erfahrungen vorherzusagen: Bisher ist die Sonne an jedem neuen Tag aufgegangen, also wird sie dies am folgenden Tag wieder tun.

Ohne die Induktion könnten wir unseren Alltag nicht bewältigen. Wir hätten kein Wissen über Essen, Trinken oder Gefahren.

Dennoch ist die Induktion nicht zu 100 % verlässlich. Auch wenn wir enorm viele weiße Schwäne beobachtet haben, so heißt das nicht, dass es keine schwarzen gibt. Die Sonne ist bisher jeden Tag aufgegangen, was aber nicht beweist, dass das morgen wieder geschieht. Das Problem mit der Induktion ist, dass sie selbstverständlich annimmt, dass die Zukunft genau so aussieht wie die Vergangenheit. Natürlich glauben wir daran, aber es gibt dafür kein begründetes Argument.

Manchmal wird versucht, die Induktion zu verteidigen, indem darauf verwiesen wird, dass etwas bisher immer eingetroffen ist. Doch das funktioniert nicht: Man kann nicht begründen, dass die Zukunft der Vergangenheit gleichen wird, weil es in der Vergangenheit immer so gewesen ist!

Zimmerornithologie

Der in Deutschland geborene Wissenschaftsphilosoph Carl Gustav Hempel (1905-1997) entwickelte das Paradoxon, das auch unter den Namen Hempels Paradox und Rabenparadoxon bekannt ist.

Rabenzählung

Die Wissenschaftlerin Martha möchte die These „Alle Raben sind schwarz." untersuchen. Wann immer sie auf einen Raben trifft und er schwarz ist, fühlt sie sich bestärkt. Dies ist eine normale induktive Folgerung (S. 21).

Jede Sichtung eines schwarzen Raben ist eine Bestätigung von Marthas These.

Je mehr Bestätigungen, umso wahrscheinlicher ist die Korrektheit ihrer Annahme (vorausgesetzt, dass keine blauen, grünen, gelben oder weißen Raben die Sache verkomplizieren).

Und jetzt wird es interessant:

Zimmerornithologie

Die Behauptung „Alle Raben sind schwarz" hat ihr logisches Äquivalent in der Behauptung „Alle nicht-schwarzen Dinge sind keine Raben". Beide Behauptungen sagen dasselbe, allerdings sehr unterschiedlich. Also ist jede Bestätigung dafür, dass „nicht-schwarze Dinge keine Raben sind" auch eine Bestätigung für „Alle Raben sind schwarz". Dies scheint unverfänglich, hat aber erstaunliche Konsequenzen, wie das folgende Beispiel verdeutlicht. Ein blauer Stift ist sowohl nicht schwarz als auch kein Rabe, also eine Bestätigung für „Alle nicht-schwarzen Dinge sind keine Raben" und gleichzeitig also die Bestätigung für „Alle Raben sind schwarz".

Für Martha sind das gute Neuigkeiten. Sie kann an Regentagen ihre ornithologischen Untersuchungen weiterführen, ohne ihr gemütliches Büro zu verlassen.

Der blaue Stift auf ihrem Schreibtisch bestätigt, dass alle Raben schwarz sind, genau wie die silberne Büroklammer, das weiße Schreibpapier, der gelbe Buntstift und das durchsichtige Kunststofflineal.

Das Rabenparadoxon

Dies nun ist das Paradoxon: Ein blauer Stift bestätigt, dass „Alle nicht-schwarzen Dinge keine Raben sind" und bestätigt in der logischen Konsequenz auch, dass „alle Raben schwarz sind". Das jedoch ist absurd. Wie sollte ein blauer Stift eine Annahme bezüglich der Farbe einer Vogelart bekräftigen?

Auf diese Weise verwickelt uns die Induktion in ein Paradoxon und legt damit das ihr innewohnende Problem offen.

Häufig wird darauf bestanden, dass jeder nicht-schwarze Nicht-Rabe die These „Alle Raben sind schwarz" bestätigt. Nur, dass es dabei um eine sehr, sehr schwache Bestätigung handelt, da die Anzahl der nicht-schwarzen Dinge die Anzahl der Raben bei weitem übersteigt.

Sicherlich ist eins wahr: Wenn sich bei der Betrachtung aller nicht-schwarzen Objekte in der Welt herausstellen würde, dass es sich dabei nicht um Raben handelt, dürfen wir daraus schließen, dass alle Raben schwarz sind.

STOFF ZUM NACHDENKEN

Durchdenken Sie folgendes Szenario: Martha ist draußen unterwegs. Sie trifft auf einen Rabenschwarm und entdeckt entsetzt einen weißen Vogel, der wie ein Rabe aussieht. Mit zitternden Fingern zückt sie ihr Fernglas, richtet es auf den Vogel und ist erleichtert, keinen Raben zu sehen, sondern nur einen Vogel ähnlicher Größe.

- Warum ist der eine weiße Vogel für Marthas Forschung wichtiger als alle anderen schwarzen Vögel?

- Unterstützt die Tatsache, dass der nicht-schwarze Vogel kein Rabe ist, Marthas Behauptung, dass alle Raben schwarz sind?

Nicht-bestätigende Ereignisse

Eine Lehre aus dieser Diskussion könnte sein, dass für die Verifizierung einer These mehr erforderlich ist als nur eine Bestätigungsanhäufung. Hintergrundwissen gehört auf jeden Fall dazu.

Niemand würde beispielsweise Marthas These ernst nehmen, wenn sie ihre Beobachtungen ausschließlich in der näheren Umgebung gemacht hätte. Um seriös zu forschen, muss sie die Tatsache einbeziehen, dass es weltweit verteilt verschiedene Rabenvögel gibt, die sich auf unterschiedliche Weise an ihre Umgebung angepasst haben.

Wenn es so etwas wie einen arktischen Raben geben würde (gibt es nicht), würden wir bei ihm ein weißes Federkleid erwarten. Heißt das aber nicht, dass Martha, um ihre These zu bestätigen, dass alle Raben schwarz sind, auf der Suche nach nicht-bestätigenden Fällen in die Arktis reisen müsste?

Ein grot-eskes Problem

Wir haben die Induktion bereits als Begründungsart kennengelernt, bei der allgemeine Folgerungen aus speziellen Beobachtungen gezogen werden. Auch haben wir gesehen, dass die Induktion fehlbar ist. Hier kommt nun ein anderes Problem der Induktion.

Wissenschaft und Induktion

Wissenschaftler verwenden die Induktion zur Formulierung ihrer Thesen. Sie macht Wissenschaft erst möglich. So wurde beobachtet, dass der Wasserstoff in einem Teströhrchen in zahllosen Fällen mit einem „quietschenden Knall" explodiert. Das lässt die allgemeine Regel „Wasserstoff verbrennt mit einem quietschenden Knall" zu. Die Verbrennung ist der Standard-Labortest für Wasserstoff.

Aber die Methode hat auch ihre Schwächen, wie das Problem mit der Induktion (S. 21) und das Rabenparadox (S. 22-23) zeigen. Als ob das nicht genug wäre, gibt es eine dritte Herausforderung für die Induktion, aufgeworfen durch den amerikanischen Philosophen Nelson Goodman (1906-1998). Es wurde bekannt als das „neue Rätsel der Induktion".

Smaragde: grün oder grot?

Grot ist ein Kunstwort und wird wie folgt definiert: etwas ist grot, wenn es 1) vor dem Jahr 2020 untersucht wird und dabei als grün kategorisiert oder 2) nicht vor 2020 untersucht wird und rot ist.

Wenn wir vor 2020 viele, viele Smaragde untersuchen, stellen wir fest, dass sie grün sind. Diese Beobachtung bestätigt die Annahme, dass alle Smaragde grün sind. Wir können voraussagen, dass alle Smaragde, die nach 2020 entdeckt werden, grün sein werden.

Gleichzeitig wird dadurch die These gestützt, dass alle Smaragde grot sind. Also können wir davon ausgehen, dass alle Smaragde, die nach 2020 gefunden werden, die Farbe Rot haben.

Da haben wir DIE AUFGABE: Durch Induktion sagen wir gleichzeitig voraus, dass Smaragde, die nach 2020 gefunden werden, sowohl grün als auch rot sein werden.

Zusätzlich zu Humes Induktionsproblem haben wir es nun mit Goodmans neuem Rätsel der Induktion zu tun, das zeigt, dass wir aus einer einzigen Begründung zwei total unterschiedliche Vorhersagen ableiten können.

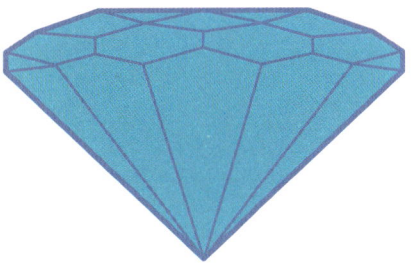 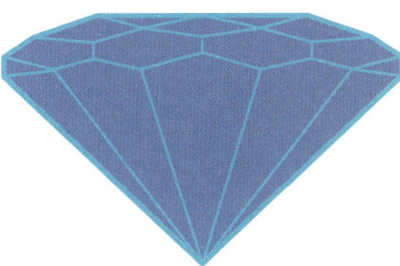

Die Sache mit dem Grot

Die grün/grot-Thesen können nicht beide stimmen. Die „grüne" Variante ist die vernünftige. Es wäre komplett abwegig, der anderen nachzugehen. Aber warum darf man „Alle untersuchten Smaragde sind grün, daher sind alle Smaragde grün" als Argument anführen, während „Alle untersuchten Smaragde sind grot, also sind alle Smaragde grot" lächerlich wirkt? Gönnen Sie sich einen Moment, um darüber nachzudenken.

Unser gesunder Menschenverstand sagt uns, das rührt daher, dass grot ein erfundenes Wort ist: künstlich, sperrig und eine alberne Kombination aus rot und grün. Daher würde niemand die These „Alle Smaragde sind grot" formulieren.

Grün und rot sind Grundeigenschaften, die jedermann mit normalem Sehvermögen geläufig und verständlich sind. Daher macht es Sinn, diese Begriffe für allgemeine Vorhersagen zu verwenden.

Grot hingegen würde nie in eine These Eintritt finden, weil in unserem Verständnis kein Platz für grot in unserer Welt ist.

Philosophen verwenden manchmal den Begriff „natürliche Arten" und beziehen sich damit auf eine natürliche Gruppe im Gegensatz zu einer künstlich gebildeten oder auf eine Gemeinsamkeit, die Dinge zu einer Gruppe zusammenführen kann. Demgemäß sind grün und blau natürliche Arten, grot nicht.

Vielleicht lässt sich das Grot-Paradoxon lösen, indem wir darauf beharren, dass die wissenschaftliche Induktion nur bei natürlichen Arten angemessen angewandt werden kann.

Übung 1

Das Paradoxon im Kosmetiksalon

DIE AUFGABE:

Agnes, Beatrice und Chloe führen gemeinsam einen Kosmetik-salon, der 24 Stunden geöffnet hat. Mindestens eine von ihnen muss anwesend sein. Beatrice arbeitet nur mit Agnes, Chloe arbeitet nie allein. Chloe beklagt sich darüber, dass sie non-stop arbeiten muss. Aber ihre Argumentation ist fehlerhaft. Es ist Agnes, die den Salon nicht verlassen kann. Versuchen Sie, Ihre eigene plausible Erklärung dafür zu finden, dass Chloe ständig arbeiten muss, aber weisen Sie auf den Fehler hin. Wenden Sie Logik an, um Chloe zu befreien. Beweisen Sie dann, dass Agnes eine Gefangene des Salons ist und nie fort kann.

DIE METHODE:

Chloe könnte folgendermaßen argumen-tieren, vielleicht finden Sie den Fehler:

Chloe weiß, dass mindestens eine Geschäftspartnerin immer arbeiten muss. Wenn sie nicht selbst dort ist, ist Agnes auch weg und Beatrice muss arbeiten. Aber Beatrice arbeitet nur mit Agnes. Wenn Agnes weg ist, ist auch Beatrice weg. „Wenn ich nicht bei der Arbeit bin", führt Chloe an, „gibt es ein logisches Problem. Denn wenn Agnes weg ist, muss Beatrice gleichzeitig fort und anwesend sein. Sie muss ja anwesend sein, wenn wir zwei fort sind und sie muss fort, weil sie nicht ohne Agnes arbeitet."

So sieht die Argumentation aus:

Wenn Chloe weg ist, ist Agnes weg und Beatrice muss arbeiten.

Wenn Agnes weg ist, ist auch Beatrice weg, weil Beatrice nur mit Agnes arbeitet.

Wenn C=Chloe nicht bei der Arbeit ist, A=Agnes nicht bei der Arbeit ist und B=Beatrice nicht bei der Arbeit ist (wobei gilt: nicht-B=Beatrice arbeitet), dann ergibt das:

Wenn C, und wenn A, nicht-B.
Wenn A, dann B.

Der Widerspruch wird deutlich, wenn Agnes weg ist (A), da Beatrice in diesem Fall gleichzeitig arbeiten und fort sein muss, was unmöglich ist. Das ist zumindest das logische Problem, mit dem Chloe beschäftigt ist, wenn sie sagt, sie muss arbeiten. Es ist aber klar, dass Beatrice und Chloe nicht arbeiten müssen, wenn Agnes Dienst hat, also stimmt Chloes Überlegung nicht. Sie kann nämlich weggehen, wenn Agnes arbeitet. Chloe erkennt die Logik nicht, dass die folgenden Aussagen nicht im Widerspruch zueinander stehen müssen und beide wahr sein können:

Wenn A, dann nicht-B.
Wenn A, dann B.

Betrachten wir einmal Albert, der gerne einer Fußballmannschaft beitreten möchte. Aber nur, wenn er zum Kapitän gewählt wird. Es gilt also:

Wenn Albert der Mannschaft beitritt, wird er Kapitän.

Das Team hat inzwischen beschlossen, ihn als Mitglied aufzunehmen, aber will ihn nicht als Kapitän. Hier gilt:

Wenn Albert der Mannschaft beitritt, wird er nicht Kapitän.

Gegen den Wahrheitsgehalt der Aussagen gibt es keinen Vorbehalt, solange Albert der Mannschaft nicht beitritt. Betrachtet man beide Aussagen als wahr, konstituiert sich der Beweis, dass Albert kein Mitglied des Teams wird (wegen der drohenden Widersprüchlichkeit).

DIE LÖSUNG:

So wie Albert der Mannschaft nicht beitreten kann, kann Agnes ihren Arbeitsplatz nicht verlassen. Erinnern Sie sich:

Mindestens eine der Partnerinnen muss immer anwesend sein.

Beatrice arbeitet niemals ohne Agnes.

Chloe arbeitet niemals alleine.

Schnell ist erkennbar, dass Agnes immer auf der Arbeit sein muss. Wenn Beatrice arbeitet, muss Agnes das auch. Wenn Beatrice weg ist, arbeitet Chloe nur, wenn Agnes auch anwesend ist. Ob Beatrice nun arbeitet oder nicht, Agnes muss.

Man sieht, dass Chloe nur arbeitet, wenn entweder Agnes oder Beatrice bei ihr sind, aber Beatrice arbeitet nicht ohne Agnes, also muss Agnes auch bleiben. Wenn andererseits Chloe nicht arbeitet, dann muss eine der anderen arbeiten. Aber Beatrice arbeitet nicht allein, also muss Agnes wieder dort sein.

Agnes kann entweder allein arbeiten, mit Beatrice oder mit Chloe und Beatrice zusammen. Wenn sie aufhört zu arbeiten, arbeitet auch Beatrice nicht und Chloe arbeitet nicht, wenn Beatrice nicht dabei ist.

Kapitel 2

Vagheit und Identität

Weiß man, wie eine Sache beschaffen ist, weiß man auch, wie sie nicht ist. Was aber, wenn die Unterscheidung schwierig ist, da Objekte sich langsam, aber komplett verändern oder wenn sie keine festen Grenzen haben? Sind unbestimmte Objekte vielleicht nur vage beschrieben? Es gibt haufenweise klassische Paradoxien wie der Glatzköpfige mit Haaren. Ob Sie vage bezüglich Identität sind oder sich mit der Vagheit identifizieren, Sie werden in diesem Kapitel ganz bestimmt Definitionen des Unbestimmten finden.

Das Schiff des Theseus: Teil 1

Jeder kennt die Geschichte des jungen Atheners Theseus, der nach Kreta segelte, im Labyrinth verschwand und den Minotaurus tötete. Gemäß dem griechischen Historiker Plutarch wurde sein Schiff für die Ewigkeit präpariert. Im Laufe der Zeit wurden alle verrottenden Planken durch neue ersetzt. Das führte unter den Philosophen zu einem Disput darüber, ob das reparierte Schiff noch als Original anzusehen war oder nicht.

Es verwundert, dass die griechische intellektuelle Elite sich überhaupt mit dieser Frage beschäftigte. Das Rätsel ist unterhaltsam, vielleicht für eine müßige Stunde, aber doch kaum ernsthafter Aufmerksamkeit wert.

Dahinter steckt mehr – wichtigere Dinge als der historische Status gammelnder Holzstücke stehen auf dem Spiel. Das Schiff des Theseus ist eine Art philosophische Parabel, die wichtige Fragen über alles, was wächst, verfällt und sich im Laufe der Zeit verändert, aufwirft.

Jetzt dienen Sie als Beispiel!
Ein ähnliches Beispiel wird täglich vielerorts durchdacht. Zum Beispiel von meiner Ehefrau, Wendy Hayden, die mehr als einmal bemerkt hat, dass sie sich seit ihrer Kindheit so häufig verändert hat, dass sie sich manchmal fragt, ob sie noch derselbe Mensch ist.

Das ist eine Überlegung wert. Menschliche Zellen leben nicht ewig. Der Körper regeneriert sich ständig. Einige Zellen werden älter als andere: Die Darmschleimhaut erneuert sich alle fünf Tage, rote Blutkörperchen alle einhundertzwanzig Tage und Knochen alle zehn Jahre. Rein körperlich gesehen ist also wenig von Klein-Wendy übrig. In welchem Sinn ist sie dennoch dieselbe Person?

Die Analogie zu Theseus' Schiff liegt auf der Hand: Bei Wendy wurden Zellen erneuert, beim Schiff waren es Planken, aber die Grundsätze sind ähnlich.

Das Schiff des Theseus: Rätsel Nr. 1
Stellen Sie sich den Zeitpunkt vor, an dem nur ein oder zwei Planken des Schiffs ersetzt worden waren. Es schien selbstverständlich, dass das Schiff das Original war.

Aber dann, nachdem die Athener es so häufig repariert hatten, dass kein ursprüngliches Material mehr vorhanden war – war das Schiff immer noch dasselbe?

Wenn wir die Frage jetzt bejahen, stehen wir vor einem Problem. Obwohl das Schiff nur nach und nach verändert wurde, ist es am Ende ein ganz anderes. Nicht ein einziges Originalteil ist mehr daran. Wenn keins der Bestandteile eines Gebildes überlebt, hat das Gebilde selbst Bestand?

Wenn wir die Frage verneinen, bekommen wir es mit einem anderen Problem zu tun. Zu welchem Zeitpunkt genau war das Schiff nicht mehr das des Theseus? Sicher nicht, als nur eine Planke ersetzt war. Auch nicht bei zweien. Aber wo zieht man die Linie? Gibt es das alte Schiff erst dann nicht mehr, wenn die letzte originale Planke herausgenommen wurde?

Physische Kontinuität

Wir befinden uns in einem Dilemma. Egal, welche Antwort wir wählen, wir stoßen auf Schwierigkeiten. Womöglich lässt sich das umgehen, wenn wir uns auf das Konzept der physischen Kontinuität berufen. Auch wenn jedes Teil von Theseus' Schiff ersetzt wurde, verlief der Prozess langsam. Die Holzteile wurden Stück für Stück ausgewechselt, ohne die Gesamtstruktur des Schiffs zu verändern. Dieser weiche, kontinuierliche Übergang scheint auszureichen, die Identität des Schiffs zu bewahren.

Auf der Basis der physischen Kontinuität können wir sicher sagen, dass das reparierte Schiff das des Theseus ist.

STOFF ZUM NACHDENKEN

Bei der Zellerneuerung im menschlichen Körper gibt es Ausnahmen. Die Hirnrinde zum Beispiel regeneriert sich nicht. Deren Zellen sind genauso alt wie wir. Sie spielt eine wichtige Rolle, was unser Bewusstsein, Erinnerungsvermögen, unsere Wahrnehmung, unser Denken und die Sprache angeht.

Muss man das bedenken, wenn Wendy fragt, ob sie noch immer die Person aus ihrer Kindheit ist?

ANTWORT

Sehr wahrscheinlich. Von Klein-Wendys Körper steckt nur noch wenig in Groß-Wendy. Zudem ist die Hirnrinde der vielleicht wichtigste Aspekt hinsichtlich unserer Identität. Ihr Fortbestand in unser Erwachsenenleben hinein hat vermutlich eine besondere Bedeutung.

Das Schiff des Theseus: Teil 2

Wenn wir akzeptieren, dass durch physische Kontinuität die Identität von Objekten erhalten bleibt, finden wir die Lösung für das erste Rätsel über das Schiff von Theseus. Sollte jede einzelne Planke des Schiffes ausgewechselt worden sein, so bleibt es dasselbe Schiff.

Das Schiff des Theseus – Rätsel Nr. 2

Das nächste Szenarium ist komplizierter: Genau wie vorher wurden alle Planken durch neue ersetzt, aber dieses Mal wurde an einem anderen Ort ein zweites Schiff, eine Replik, damit gebaut.

Jetzt gibt es Schiff A und Schiff B. Schiff A besteht aus neuem Holz, das nach und nach das alte ersetzt hat. Schiff B wurde aus den Originalplanken nach Originalbauplan zusammengesetzt, aber an völlig anderer Stelle. Welches ist das ursprüngliche Objekt?

Schiff A hat den berechtigten Anspruch, Schiff des Theseus genannt zu werden. Schließlich ist es in jeder Hinsicht mit dem Schiff aus dem ersten Rätsel identisch. Die physische Kontinuität blieb durch den Wandel erhalten und somit die Identität des Originalschiffes.

Denselben Anspruch kann aber auch Schiff B geltend machen, ist es doch aus den Originalteilen und originalgetreu gebaut.

Nehmen wir an, eine Archäologin entdeckt Noahs Arche. Sie buddelt sie aus, nimmt sie auseinander und setzt sie in einem Museum wieder zusammen. Es gibt niemanden, der anzweifeln würde, dass das Schiff die wirkliche Arche Noah sei, nur weil sie zerlegt und woanders wieder zusammengebaut wurde. Und dies ist genau der Vorgang, der zur Entstehung von Schiff B geführt hat. Also ist Schiff B das Schiff des Theseus.

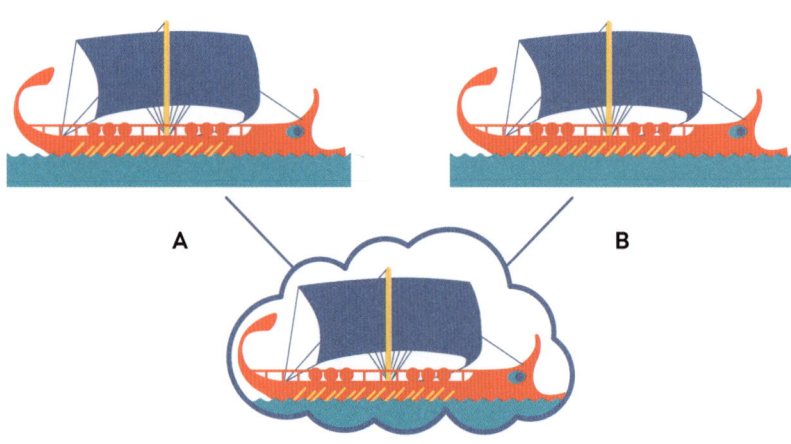

A   B

AUS DEM ECHTEN LEBEN

Einmal besichtigte ich den Goldenen Pavillon in Kyoto, eines der berühmtesten architektonischen Meisterwerke Japans. Er ist drei Stockwerke hoch, elegant, außen golden und inmitten eines bildschönen Schmuckteiches gelegen.

Im Jahr 1397 erbaut, wurde der Tempel seither diverse Male niedergebrannt und neu errichtet, das letzte Mal in den 1950er Jahren. Als ich das hörte, fühlte ich mich, wie viele andere Westler auch, etwas betrogen. Ich war enttäuscht darüber, nicht den „echten" Pavillon zu sehen. Die Japaner scheinen dahingegen kein Problem damit zu haben, das aktuelle Gebäude als das Original anzusehen.

Der Goldene Pavillon leidet unter noch stärkeren Identitätsproblemen als das Schiff des Theseus. Im neuen Gebäude ist kein Material vom alten verbaut, auch kann es sich nicht auf physische Kontinuität berufen. Hat es überhaupt einen Anspruch auf.

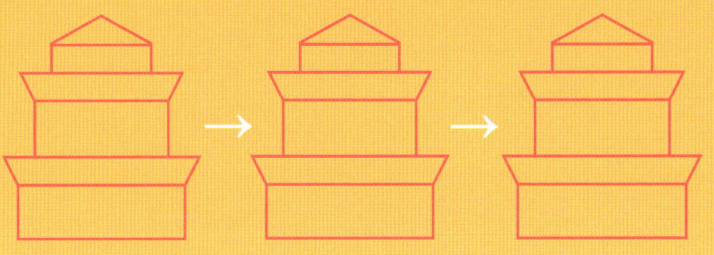

Das Paradoxon

Es gibt zwei Schiffe, Schiff A und Schiff B. Begründet ist die Schlussfolgerung, dass Schiff A das Schiff des Theseus ist. Genauso begründet aber ist, dass Schiff B das Schiff des Theseus ist. Aber sicherlich kann es nur ein wahres Schiff geben?

Der Anspruch von Schiff A basiert auf der physischen Kontinuität. Eine Vielzahl kleinerer Verwandlungen hat aus dem Original das Schiff A werden lassen. Schiff B kann die materielle Zusammensetzung für sich geltend machen: Es wurde aus demselben Material und auf dieselbe Art gebaut wie das ursprüngliche Schiff.

Kommt es auf den Zusammenhang an?

Letzten Endes vielleicht schon. Manchmal ist es sinnvoll, Schiff A als das Schiff des Theseus anzusehen, manchmal ist Schiff B das richtige. Das könnte allerdings als Versuch gewertet werden, die Antwort auf die Frage zu umgehen. Deshalb sollten wir entscheiden, ob die physische Kontinuität oder die materielle Zusammensetzung für Objekte dieser Art entscheidend ist. Das führt uns zu unserem nächsten Paradoxon, dem Fluss des Heraklit (S. 34-35).

Psychologische Kontinuität

Das Problem, das Theseus' Schiff aufwirft, betrifft die physische Identität eines Objekts. Aber natürlich lässt sich Identität auch auf den Menschen anwenden, üblicherweise als *Ich-Identität* bekannt. Hierbei fällt der körperlichen Kontinuität nicht viel Gewicht bei, also der Zellveränderung, dem Verlust von Extremitäten oder Einsatz von Prothesen, weil es darum geht, was geistig geschieht: Wir bleiben immer dieselbe Person, weil das jetzige Bewusstsein immer über die Vergangenheit Bescheid weiß. Der englische Philosoph John Locke vermutete als erster, dass das Gedächtnis die Grundlage dieser Kontinuität ist, aber, wie viele Kritiker einwarfen, ist die Sache nicht ganz so einfach.

Der erste, der Locke darin widersprach, war der schottische Philosoph Thomas Reid. Angenommen, ein kleiner Junge stiehlt Äpfel aus einem Garten. Dieser Junge wird später Soldat, der während einer Schlacht die Flagge des Feindes erbeutet. Als alter Mann wird der Soldat General. Das Problem ist dieses: Er erinnert sich zwar, dass er als Soldat die Flagge ergatterte, aber nicht daran, als Junge die Äpfel stibitzt zu haben. Lockes Kriterien zufolge ist der General dieselbe Person wie der Soldat, aber nicht wie der Junge (weil er nicht über die Erinnerungen des Kindes verfügt). Und dennoch, so Reid, ist dies paradox: Der Soldat ist dieselbe Person wie der Junge, weil er sich an den Apfeldiebstahl erinnert, und der General ist dieselbe Person wie der Soldat, weil er sich erinnert, wie er die Flagge an sich nahm. Die Logik diktiert daher, dass, wenn der General dieselbe Person wie der Soldat ist und der Soldat dieselbe Person wie der Junge, dann ist der General dieselbe Person wie der Junge. Reids Punkt ist, dass das Gedächtnis kein Kriterium für die Identität sein kann, da dieser Gedanke im Paradoxen endet.

Die Kette der Erinnerungen

Der englische Philosoph Derek Parfit versuchte, Lockes Theorie zu retten und schlug vor, dass vielleicht lediglich überlappende Verbindungen in der Erinnerungskette nötig wären: Vielleicht kann man sich nicht daran erinnern, was man vor neun Tagen getan hat, aber vor acht Tagen wusste man das noch und vor acht Tagen hätte man gewusst, was man vor weiteren neun Tagen getan hätte und so weiter. Diese Methode würde beweisen, dass der General dieselbe Person wie der Junge ist.

Eingepflanzte Erinnerungen

Aber es gibt ein weiteres, tiefergehendes Problem, auf das Bischof Joseph Butler hinwies. Wenn ich behaupte, ich sei dieselbe Person, die ich letztes Jahr war, weil ich über die Erinnerungen dieser Person verfüge, dann setze ich voraus, dass sie „meine" Erinnerungen sind. Das erscheint erst einmal seltsam, hat aber seine Berechtigung: Lockes Theorie setzt voraus, was sie beweisen will. Hierzu ein Beispiel aus der Science-Fiction: In Philip K. Dicks

KRIEGSVERBRECHEN

Das Gedächtnis ist eine zentrale Stütze der Ich-Identität, aber auch der moralischen Schuldfähigkeit. Um sich eines Verbrechens schuldig zu bekennen (und dadurch eventuell das Strafmaß zu verringern), muss sich die Person daran erinnern, das Verbrechen begangen zu haben.

Was aber, wenn sie das aufgrund einer Vergiftung oder Amnesie nicht kann? So trug es sich bei Rudolf Hess zu, dem Stellvertreter Adolf Hitlers, als er für seine Kriegsverbrechen vor dem Kriegsgericht in Nürnberg stand. Hess behauptete, keine Erinnerungen an wichtige Ereignisse zu haben, war ansonsten aber geistig fit.

Aus diesem Grund lassen einige Gerichte ein bestimmtes Verfahren zur Schuldbekenntnis zu, in dem Angeklagte, die sich nach eigener Aussage nicht an das Verbrechen erinnern können, für deren Schuld aber dennoch ausreichend Beweise vorliegen, auf schuldig plädieren können (um daraufhin einen Deal zu erwirken).

Kurzgeschichte „Erinnerungen en gros" (später als *Total Recall* verfilmt) kauft ein Mann, der sich die Reise zum Mars nicht leisten kann, künstliche Erinnerungen an den Trip, die – um eine Prise Spannung hinzuzufügen – wie die Erinnerungen eines Geheimagenten aufgebaut sind. Das Einsetzen scheint vergrabene Erinnerungen des Mannes zu wecken … an seine Zeit als Spion auf dem Mars. Nun ist er *wahrhaftig* ein Geheimagent – oder ist das nur das Ergebnis des Implantationsprozesses? Er kann sich nicht darauf berufen, „an was er sich erinnert", weil genau das die große Frage ist: Sind seine Erinnerungen echt?

Reids Annahme funktioniert vermutlich auch in alltäglicheren Situationen, aber das Problem, das Gedächtnis als Basis für die Ich-Identität heranzuziehen, wird deutlich.

Das Teletransportations-Paradoxon

Bei seinem Versuch, die Basis der Ich-Identität am Gedächtnis fest-zumachen, schlägt Parfit eine hypothetische Situation vor, in der ein Mensch überlebt, seine Ich-Identität aber nicht erhalten bleibt. Aber wie sollte das funktionieren? Garantiert nicht allein schon das Weiterleben, dass man die Person bleibt, die man war?

Grundlage dafür ist Parfits berühmtes Gedankenexperiment, in dem ein Tele-transporter eine Rolle spielt, so ein Gerät wie bei *Star Trek* und anderen Science-Fiction-Filmen, das Körper von einem Ort zu einem anderen „beamen" kann. Stellen Sie sich vor, sagt Parfit, dass Sie mit so einem Gerät zum Mars reisen. Vor der Reise kopiert Parfits Transporter alle Informationen von jedem noch so kleinen Bestandteil des physischen Körpers. Aus diesen Kopien setzt er „Sie" auf dem Mars aus den Teilchen wieder zusammen. Da „Sie" (im Sinne dieses Arguments) einfach eine bestimmte Zusammenstellung von Atomen sind (das schließt Ihre Gehirnzustände und Erinnerungen ein), hat die Person, die auf dem Mars entstanden ist, denselben Anspruch, „Sie" zu sein, wie Sie selbst. Ist die Kopie komplett, wird der ursprüngliche Körper zerstört.

Welches ist das „echte" Ich?

In diesem Fall, sagt Parfit, haben Sie sowohl die Überlebens-, als auch die per-sönliche Identität: Ihr „Ich" auf dem Mars, das sind Sie. Stellen Sie sich jetzt vor, dass das Gerät eine Fehlfunktion hat, es zer-stört den Originalkörper nicht, sondern verstümmelt ihn lebensgefährlich. In dieser Situation zeigt sich das Paradoxon: „Sie" existieren, sind aber nicht mehr einzig-artig. Während Sie auf der Erde sterben, könnte es Sie wirklich trösten, dass „Sie" weiterleben werden? Oder sollten Sie Ihren bevorstehenden Tod betrauern?

Sie und Ihr Mars-Zwilling

Parfit plädiert dafür, dass die Existenz des Mars-Zwillings sehr wohl Trost sein sollte, denn er glaubt, dass eine Person aus Erfah-rungen, Erinnerungen, Gewohnheiten, Vorlieben, Ansichten und anderen Eigen-schaften zusammengesetzt ist. Verfügt der Zwilling über ausreichende Mengen davon, die auf bestimmte Art miteinander verwoben sind, dann lebt die Person, die diese besitzt, weiter. Für Parfit ist auch die fehlende Kontinuität zwischen altem und neuem Körper (der neue besteht aus ande-ren Atomen) belanglos, da es das Muster aus Erinnerungen und Erfahrungen ist, das zählt, das ausmacht, wer Sie wirklich sind. Ebenso hält er es für irrelevant, dass der Transporterschaden zum Verlust der Einzigartigkeit führt, weil wir dafür eine Art Unsterblichkeit erlangen. Tatsächlich, meint Parfit, trifft das auf jeden Fall zu, denn lange, nachdem Sie und Ihr Mars-Zwilling gestorben sind, leben „Sie" weiter: In den Erinnerungen anderer Personen, in den Worten, Bildern und dem Besitz, den Sie hinterlassen und deren Wirkung auf andere bewusste Wesen, aber auch in den Folgen Ihrer Handlungen, Ihren Vorhaben und Plänen, die Sie zu Lebzeiten in Gang gesetzt haben und die nach Ihrem Ableben nachhallen.

Die ganze Geschichte Ihres „Ich"

Wäre das für Sie wirklich von Belang? Nehmen wir an, dass jemand nach Ihrem Tod all Ihre Social-Media-Profile – die Facebook-Posts und Tweets, Ihre Instagram-Fotos, alle Likes und alles Geteilte –

sammelt und in eine künstliche Intelligenz überträgt, die mit anderen interagieren soll. Wäre dieses Ding jemals „Sie"? Wäre die Recherche sorgfältig durchgeführt, die KI ausreichend ausgeklügelt (KI-Bots sind bereits üblich und werden immer besser), wäre das nicht in etwa so wie in Parfits Szenario? Freuen Sie sich über Ihren KI-Zwilling? Nein?

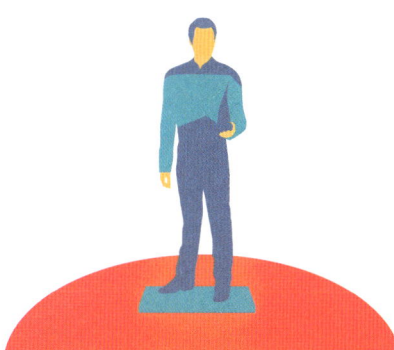

WIEDERAUFERSTEHUNG

Den Tod zu überleben ist nicht nur ein Science-Fiction-Thema wie bei Parfits Beispiel mit dem Teletransporter, sondern hat in der religiösen Literatur eine lange Tradition. So interpretieren manche Christen die Wiedergeburt physikalisch, in dem Sinne, dass Gott die Gläubigen in ihren Körpern auferstehen lässt. Aber wären das dieselben Körper? Und was würde das bedeuten? Dass Gott die Körper aus denselben Atomen zusammensetzt und wiederbelebt? Aber Atome wandeln sich im Laufe der Zeit. Um wieder dieselbe Person zu sein, bedarf es mehr als dieselben Atome, oder? Vielleicht geht es darum, dieselben Merkmale und Eigenschaften zu besitzen? Aber das ist problematisch, weil sich ein Mensch im Verlauf seines Daseins radikal verändern kann. Die religiöse Lösung ist, Menschen nicht als Körper, sondern als Seelen anzusehen. Aber auch das birgt Probleme.

Der Fluss des Heraklit

*„Die einzige Konstante im Universum ist die
Veränderung."*
– Heraklit, 500 v.Chr

Heraklit war einer der ersten Philosophen.
Er lebte im kleinasiatischen Ephesus. Nur
wenig ist über sein Leben bekannt, aber er
scheint ein Misanthrop gewesen zu sein.
Seine Mitmenschen betrachtete er mit
unfreundlichem Sinn und hielt die meisten
für dumme Narren. Vielleicht hat diese
Haltung zu seinem frühen Tod beigetragen.
Es heißt, nachdem er sich von der Gesellschaft zurückgezogen und sich von Grä-
sern und anderen Pflanzen ernährt hatte,
sei er von Ödemen befallen worden.

Heraklit verfasste nur ein Buch, das für
seine Schwierigkeit und Unverständlichkeit
berüchtigt ist. Nach der Lektüre kommen-
tierte Sokrates: „Das, was ich verstehe, ist
großartig. Und so ist auch sicherlich der
Rest, den ich nicht verstehe." Das Buch ist
nur noch in Fragmenten erhalten, deren
Authentizität bisweilen zweifelhaft ist.

Heraklit behauptet, die Welt ist in ständiger Bewegung. Alles unterliegt permanenter
Veränderung. Feuer bezeichnete er als
Grundelement der Natur: eine angemessen
unstabile Materie, die dafür sorgt, dass sich
das Universum stetig wandelt.

Das Paradoxon des Heraklit

Platon zitiert Heraklit in seinem philosophischen Dialog Cratylos mit dem Ausspruch,
dass man nicht zwei Mal in denselben Fluss
steigen kann. Das erscheint absurd. Natürlich können wir das! Wir brauchen nur zu
unterschiedlichen Zeitpunkten hinein, beispielsweise Montag und Dienstag.

Das Problem besteht darin, dass Flüsse
aus fließendem Wasser bestehen. Das Wasser,
das am Montag durch das Flussbett fließt, ist
nicht dasselbe Wasser wie am Dienstag. Da
der Fluss aus Wasser besteht und das Wasser
nie dasselbe ist, ist der Fluss am Montag
nicht identisch mit dem Fluss am Dienstag.

Mehr noch: Der Fluss könnte sogar
drastischen Veränderungen unterliegen.
Das Ufer könnte wegbrechen, der Flusslauf
sich ändern oder der Fluss sogar austro-
cken. Dabei würde sich nicht nur die stoff-
liche Zusammensetzung des Flusses verändern (vgl. S. 30-33), sondern seine ganze
Beschaffenheit. Unter diesem Gesichtspunkt begeben wir uns zu verschiedenen
Zeiten in völlig unterschiedliche Flüsse.

Das Paradoxon besteht darin, dass wir
in denselben Fluss zweimal eintauchen
können als auch nicht. Poetischer drückt
Heraklit es auch: „In die gleichen Ströme
steigen wir und steigen wir nicht."

$$\chi = \zeta = \chi = \phi = \chi = \psi$$

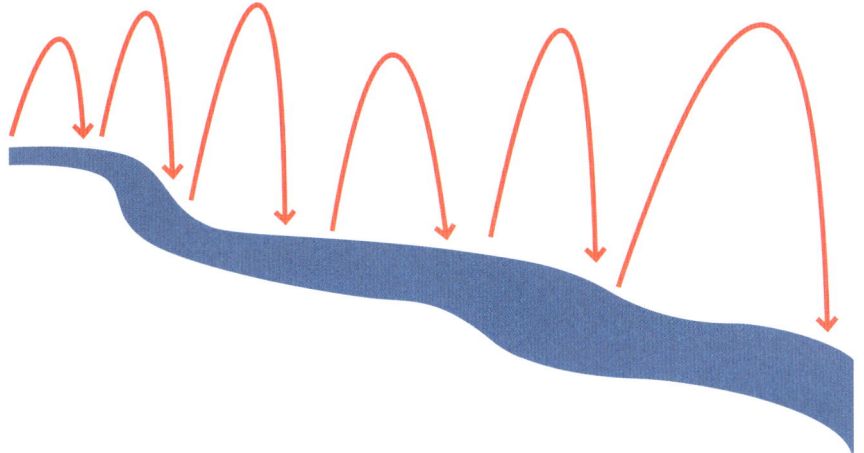

Lösung des Paradoxons

Vielleicht ist dieses Paradoxon nur eine Frage des Zusammenhangs. Wenn wir mit „Fluss" ein Wassergebilde meinen, das seinen Verlauf in Richtung Meer nimmt, dann können wir natürlich zweimal in denselben Fluss steigen. Aber wenn wir spezielles Wasser damit meinen, in dem jedes H_2O-Molekül Bedeutung hat, dann ist uns das unmöglich.

Wir können das Paradoxon auch anders angehen, indem wir noch einmal das Konzept der physischen Kontinuität bemühen (S. 31). Zwar ändert sich die materielle Zusammensetzung des Flusses ständig, jedoch geschieht dies fließend und allmählich. Zwischen allen vorübergehenden Zustandsphasen des Flusses bestehen Zusammenhänge. Möglicherweise bleibt auf diese Weise die Identität des Flusses erhalten.

Was wir von Heraklit lernen

Die beste Einsicht zu diesem Paradoxon stammt von Heraklit selbst. Einer seiner am meisten gefeierten philosophischen Gedanken ist die Lehre vom universellen Fluss, die besagt, dass alles ständiger Veränderung unterliegt und nichts bleibt, wie es ist.

Der Fluss des Heraklit verdeutlicht uns dieses Konzept in Perfektion. Veränderung ist ein untrennbarer Bestandteil der Identität des Flusses. Wenn das Wasser des Flusses nicht mehr strömt, ist der Fluss kein Fluss mehr. Das erklärt ein anderes Fragment von Heraklit: „Wir steigen in denselben Fluss und doch nicht in denselben – wir sind es und wir sind es nicht."

Die Lehre daraus könnte sein, dass es Existenzen gibt (Heraklit nach sind das alle), die durch Veränderung definiert werden und ihre Identität durch sie nicht verlieren. Vielmehr ist Veränderung ein unabdingbarer Bestandteil von ihnen.

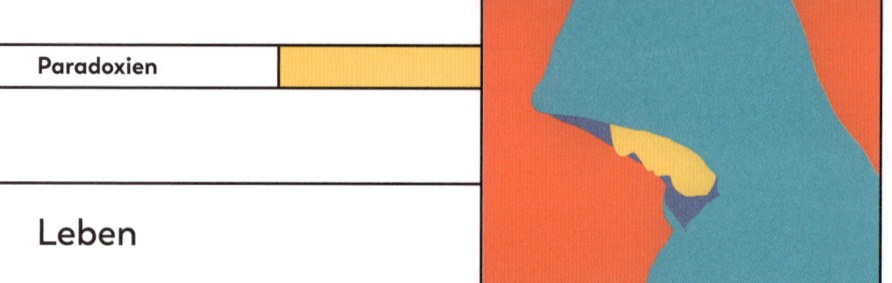

Leben

Eubulides

Der griechische Philosoph Eubulides lebte im 4. Jahrhundert v. Chr. und dachte sich eine Reihe genialer Paradoxien aus. Das wenige, was wir über Eubulides wissen, stammt von Diogenes Laertius, der schreibt, dass er ein Schüler des Euklid war, der wiederum bei Sokrates in die Lehre ging.

Eubulides war ein Zeitgenosse von Aristoteles. Ihm gefiel aber weder dessen Philosophie noch Aristoteles als Person.

Einige Quellen behaupten, dass Eubulides so weit ging und Aristoteles diffamierte, indem er ihn beschuldigte, die Athener im Auftrag der Mazedonier auszuspionieren.

Daneben schreibt Diogenes Laertius sieben Paradoxien zu: der Verhüllte, Elektra, der Verborgene, der Gehörnte, der Lügner, der Haufenschluss und der Glatzkopf.

In früheren Zeiten wurden diese Paradoxien häufig als trivial und unwichtig abgetan. Sein Rivale Aristoteles behandelt sie nur am Rande. Cicero beschreibt sie als „weit hergeholt und von übertriebenem Sophismus". Seneca kommentiert sarkastisch: „Es macht nichts, sie nicht zu kennen und sie zu lösen, tut nicht gut."

In diesem Fall war Eubulides der lachende Dritte. Seine Paradoxien haben den Zahn der Zeit überdauert. Sie werden noch immer von Philosophen und Logikern unserer Tage diskutiert. Der Haufenschluss, der Glatzkopf und der Lügner werden als besonders bedeutend eingeschätzt.

Der Verhüllte

Du sagst, du kennst deinen Bruder. Wenn dein Bruder aber eine Kapuze über dem Kopf trägt, erkennst du ihn nicht. So kennst du zur selben Zeit deinen Bruder und kennst ihn nicht.

Elektra

Elektra und ihr Bruder Orest wuchsen getrennt voneinander auf, aber sie weiß, dass er ihr Bruder ist. Er wird ihr als Fremder vorgestellt. Kennt sie ihren Bruder Orest?

Wir können das nicht verneinen, da Elektra weiß, dass Orest ihr Bruder ist. Und wir

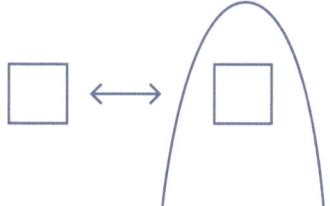

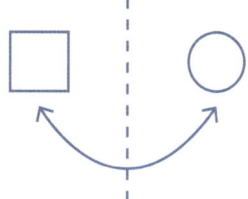

können es nicht bejahen, denn Elektra weiß nicht, dass der Mann, der vor ihr steht, Orest ist.

Der Verborgene
Dies Paradoxon ist eine Variante der ersten beiden Paradoxien.

Der Gehörnte
Nehmen wir an, jemand fragt Sie: „Haben Sie Ihre Hörner verloren?" Was antworten Sie? Wenn Sie verneinen, haben Sie sie noch. Bejahen Sie die Frage, hatten Sie wohl mal welche.

Oder: Was man nicht verloren hat, besitzt man noch. Sie haben Ihre Hörner nicht verloren, also besitzen Sie sie noch.

Der Lügner
Wenn ich sage: „Was ich nun sage, ist falsch", ist das dann wahr? Von allen ersonnenen Paradoxien ist dies eins der schwierigsten und wichtigsten und wird auf Seite 60-61 diskutiert.

Der Haufen
Dies ist ein höllisch schwieriges und wichtiges Paradoxon, in dem Eubulides zeigt, dass ein einziges Sandkorn einen Haufen bildet. Die Diskussion steht auf Seite 38-39.

Der Glatzköpfige
Dieses beliebte Paradoxon ist dem Haufen sehr ähnlich und findet sich ebenfalls auf Seite 38-39.

HERAUSFORDERUNG

Versuchen Sie, die Paradoxien von Elektra, des Verhüllten und des Gehörnten zu lösen.

HINWEISE

Der Verhüllte und Elektra sind ähnliche Paradoxien, die mit der Mehrdeutigkeit des Verbs „kennen" spielen: wir sind mit jemandem bekannt oder erkennen eine Person.

Der Gehörnte beginnt mit einer Fangfrage: „Haben Sie Ihre Hörner verloren?" Das setzt voraus, dass jemals welche hatten. Ist also ein einfaches „ja" oder „nein" eine geeignete Antwort?

Der Glatzköpfige und der Haufenschluss

Diese beiden haben wir bereits auf der vorhergehenden Seite erwähnt: Sie sind zwei berühmte Paradoxien von Eubulides.

Der Glatzkopf

Ein Mann mit vollem Haar ist natürlich nicht glatzköpfig. Auch wird der Verlust eines einzelnen Haars ihm keine Glatze bescheren. Tatsächlich macht der Ausfall eines einzigen Haares niemanden zum Glatzkopf. Also kann niemals jemand eine Glatze bekommen.

Der Haufenschluss

Eine Million Sandkörner aufeinander ergeben einen Haufen. Wenn ein einziges Korn entfernt wird, bleibt der Haufen bestehen. Die Herausnahme eines Korn macht aus einem Haufen niemals einen Nicht-Haufen. Aber nimmt man kontinuierlich ein Korn nach dem anderen fort, wird irgendwann nur ein Korn übrigbleiben. Also ist ein einziges Sandkorn ein Haufen.

Dem Glatzköpfigen und dem Haufenschluss liegt eine ähnliche logische Struktur zugrunde. Häufig werden sie als Sorites-Paradoxien bezeichnet und manchmal als „Kettenargument".

Sorites-Paradoxien verwirren, begeistern und verärgern die Philosophen seit 2000 Jahren. Man kann also mit Fug und Recht behaupten, dass sie keine einfache Lösung zulassen. Einige Lösungsversuche finden sich auf S. 40-43.

Bis dahin lesen Sie hier zwei ähnlich wirkende Rätsel, die weniger kompliziert zu lösen sind. Versuchen Sie, die Fehler in den Kettenargumenten zu finden.

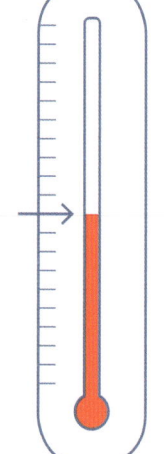

GEFRIERPUNKT

Eine Temperatur von 1000 Grad liegt über dem Gefrierpunkt. Sinkt die Temperatur um ein Grad, ist sie noch immer höher als der Gefrierpunkt. Fakt ist, dass eine Temperatursenkung um lediglich ein Grad die Temperatur nicht unter den Gefrierpunkt bringt. Also gibt es keine Temperaturen unter dem Gefrierpunkt.

LÖSUNG

Die Argumentation ist offensichtlich fehlerhaft: Bei 0 °C gefriert das Wasser. Es ist also falsch, zu behaupten, dass die Temperatur nicht unter den Gefrierpunkt fallen kann.

Stellen Sie dies dem Glatzköpfigen und dem Haufenschluss gegenüber, wo es keine eindeutige Linie zwischen Glatze und Nicht-Glatze, zwischen Haufen und Nicht-Haufen gibt.

ALLE PFERDE HABEN DIESELBE FARBE

Stellen Sie eine willkürliche Pferdeherde zusammen. Die Anzahl ist beliebig, sagen wir: zehn Tiere. Kann man einen Beweis dafür aufstellen, dass alle zehn Pferde dieselbe Fellfarbe besitzen?

Dies ist tatsächlich möglich, wenn wir beweisen können, dass in jeder Herde von neun Pferden alle dieselbe Farbe haben. In dem Fall könnten wir wahllos neun Pferde aus der Herde herausnehmen, weil wir wissen, dass ihr Fell dieselbe Farbe hat. Also müssen alle zehn dieselbe Farbe haben.

Aber kann man denn beweisen, dass jede Herde mit neun Pferden gleichfarbig ist? Ja, vorausgesetzt, wir können beweisen, dass beliebige acht Pferde dieselbe Farbe haben, was wir beweisen können, wenn wir zeigen, dass jede Herde mit sieben Pferden die gleiche Fellfarbe hat. Usw. bis runter zu sechs, fünf, vier, drei, zwei, eins.

In einer Herde, die aus einem Pferd besteht, gibt es nur eine Fellfarbe. Durch diese Kettenargumentation haben wir den Beweis aufgestellt, dass beliebige zehn Pferde dieselbe Farbe haben.

Wir hätten die Argumentation mit wirklich jeder Gruppengröße beginnen können. Daher haben alle Pferde dieselbe Farbe!

LÖSUNG

Auf diese Weise können wir allen Ernstes beweisen, dass alle Pferde dieselbe Farbe haben. Das funktioniert, bis wir die Stückzahl zwei erreicht haben. Dass ein einzelnes Pferd mit sich selbst identisch ist, bedeutet nun ganz und gar nicht, dass zwei Pferde dieselbe Fellfarbe haben.

Vagheit

Den Paradoxien des Glatzköpfigen und des Haufenschlusses liegt das Konzept der Vagheit zugrunde. Der Glatzköpfige benutzt die Unbestimmtheit im Wort „Glatze", der Haufenschluss verlässt sich auf ein vages „Haufen".

Das Problem beim Glatzköpfigen liegt darin, dass es keine klare Trennlinie zwischen Glatze und Nicht-Glatze gibt. Wir wissen, dass damit jemand mit nur ein paar Haaren gemeint sein kann, aber niemand mit einem vollem Schopf. Es gibt aber Grenzfälle, bei denen wir nicht sicher sind, ob der Begriff zutrifft oder nicht.

Vergleichbar der Haufenschluss: Wann ist der Haufen ein Haufen, wann ein Nicht-Haufen? Diese unbestimmten Grenzfälle geben den Sorites-Paradoxien erst ihren Biss. Und deswegen zündet der Gefrierpunkt (S. 38) nicht recht. „Gefrierpunkt" ist ein fester Wert und nicht vage. Wasser gefriert bei 0 °C, es gibt – zumindest in der Theorie – keine Grenzfälle.

Untersuchungsresistenz

Das Vage in „Glatze" und „Haufen" kann auch durch das Sammeln von Informationen nicht aus der Welt geschafft werden.

Auch wenn wir die genaue Anzahl Haare auf dem Kopf eines Mannes kennen, wissen wir nicht, ob wir ihn glatzköpfig nennen können. Wir können die Sandkörner bis zum letzten durchzählen und doch nicht mit Bestimmtheit sagen, wie viele einen Haufen ausmachen.

Die Vagheit ist also untersuchungsresistent. Bei Grenzfällen wie „Glatze" oder „Haufen" gibt es keine Möglichkeit, einen festen Wert zu ermitteln. Kein Zählen und kein Messen kann das ändern, es liegt den Worten inne.

Mehr vage Worte

Außer den genannten gibt es weitere vage Worte, wie beispielsweise groß, reich, Kind, schlau, klein und alt.

Wie lang muss jemand sein, damit er als groß gilt? Wie viel Geld muss er haben, um reich genannt zu werden? In welchem Alter genau hören wir auf, Kind zu sein?

WANN IST EINE TÜR KEINE TÜR?

Es ist leicht, das Unbestimmte in Wörtern wie groß, reich, Kind, schlau, klein und alt zu erkennen. Aber auch Wörter mit scheinbar eindeutiger Aussage können bei genauerem Hinsehen mit Vagheit behaftet sein. Finden Sie sie in folgenden Worten: Stuhl, Person, gut, Buch, Vater.

HINWEIS

Denken Sie an Grenzfälle, bei denen der Gebrauch des Wortes nicht eindeutig ist. Kann etwa das Wort „Person" auf einen Fötus angewandt werden? Wenn ja, in welchem Stadium der Entwicklung? Wenn Sie Holz von einem Stuhl abschleifen, bleibt dann der Stuhl, was er ist? Wie viel Holz kann abgeschabt werden, bevor der Begriff „Stuhl" nicht länger passt?

Und so weiter. Alle diese Begriffe sind Grenzfälle, also mit vager Aussage. Für diese und eine Menge mehr Worte können wir Sorites-Paradoxien erdenken.

Vagheit hat Bedeutung

An der Unbestimmtheit ist mehr dran, als nur philosophische Haarspalterei. Eine Reihe wichtiger ethischer Probleme werden, zumindest teilweise, durch die Vagheit in Worten angeheizt. Ein Beispiel ist die Diskussion um Schwangerschaftsabbrüche, die darum kreist, wann ein Fötus zu einer Person wird. Vergleichbar geht es bei der Debatte um das angemessene Alter für einvernehmlichen Sex darum, wann ein Kind zum Erwachsenen wird.

IHR EIGENES PARADOXON

„Klein" ist ein vages Wort. Versuchen Sie, Ihr eigenes Sorites-Paradoxon zu ersinnen und versuchen Sie, zu beweisen, dass alle Zahlen klein sind.

LÖSUNG

Ein möglicher Weg: Eins ist eine kleine Zahl. Addiert man Eins, erhält man eine immer noch kleine Zahl. Das Hinzufügen einer Eins macht aus einer kleinen Zahl niemals eine große. Addiert man aber fortlaufend eine Eins hinzu, kann man jede erdenkliche Zahl erreichen. Darum sind alle Zahlen klein.

Auflosung der Sorites

Mit den Argumentationen zum Glatzköpfigen und zum Haufen stimmt etwas nicht. Die Schlussfolgerungen (niemand ist glatzköpfig, ein einziges Sandkorn macht einen Haufen) sind absurd. Schwierig wird es, den Fehler daran zu finden.

Dies scheint der richtige Moment zu sein, die logische Struktur von Sorites-Paradoxien zu umreißen, mit dem Sandhaufen als Beispiel.

1. 1.000.000 Sandkörner bilden aufeinander geschichtet einen Haufen.
2. Wenn 1.000.000 Sandkörner einen Haufen bilden, gilt das auch für 999.999.
3. Wenn 999.999 Sandkörner einen Haufen bilden, gilt das auch für 999.998.
4. Wenn 999.998 Sandkörner einen Haufen bilden, gilt das auch für 999.997...usw.
5. Darum bildet auch 1 Sandkorn einen Haufen.

Anders gesagt:

1. 1.000.000 Sandkörner bilden zusammen einen Haufen.
2. Wenn n Sandkörner einen Haufen bilden, gilt das auch für n-1 Sandkörner.
3. Also bildet 1 Sandkorn ein Haufen.

Diese Form der Begründung fördert ein Schlüsselcharakteristikum von Sorites-Paradoxien zu Tage, nämlich dass vage Worte wie „Haufen" sich tolerant gegenüber kleinen Veränderungen verhalten. Ein Korn weniger macht aus einem Haufen keinen Nicht-Haufen, ein Haar weniger macht keinen Glatzköpfigen.

Hier kommt der Haken: Kleine Veränderungen machen aus einem Haufen keinen Nicht-Haufen, große Veränderungen jedoch sehr wohl. Z. B. durch Anhäufung kleiner Veränderungen: Der Haufen wird durch kleine Veränderungen zum Nicht-Haufen, der Haarige zum Glatzköpfigen – und doch wieder nicht.

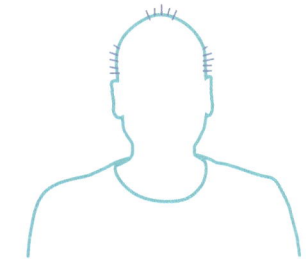

STOFF ZUM NACHDENKEN

Welcher dieser Lösungsansätze scheint Ihnen am vielversprechendsten? Welche möglichen Schwierigkeiten entdecken Sie dabei?

Für Methode 1 benötigen Sie zum Beispiel feste Grenzen. Wo genau aber sollen diese Grenzen liegen? Wir wissen nicht, wo Haufen anfangen oder aufhören. Wäre ein festgesetzter Wert dann nicht nur reine Hilfsgrenze? Und wenn das so ist, wozu ist eine Hilfsgrenze gut?

Lösung von Sorites-Paradoxien

Der Glatzköpfige und der Haufenschluss haben sich als gemein schwierige Rätsel gezeigt. Noch heute, mehr als 2000 Jahre, nachdem Eubulides sie ersonnen hat, werden sie von Philosophen und Logikern diskutiert. Hier sind zwei mögliche Lösungswege:

Legen Sie Grenzen fest

Sorites-Paradoxien sind ansatzlos, wenn wir feste Grenzen für vage Worte (Glatze, Haufen) definieren. Ein Haufen muss beispielsweise aus mehr als 10.000 Sandkörnern bestehen, Glatzköpfig ist jemand mit weniger als 1.000 Haaren.

Das Leugnen der Vagheit

Es gibt Philosophen, die behaupten, dass es bereits feste Grenzen für Worte wie „glatzköpfig" und „Haufen" gibt. Die Erkenntnistheorie lehrt, dass vage Worte scharfe Grenzen ziehen – wir wissen nur nicht, wo diese sind. Demnach gibt es einen festen Wert, an dem ein Haufen zu einem Nicht-Haufen und ein Haariger zum Glatzkopf wird. Die Vagheit liegt nicht am Wort selbst, sondern an unserer Unwissenheit.

Wahrheitsgrade

Nehmen wir an (im Gegensatz zum Definieren von Grenzen oder dem Leugnen der Wahrheit), dass es einzigartige Grenzfälle für vage Worte wie „glatzköpfig" und „Haufen" gibt, dann ist nicht jede Annahme entweder wahr oder falsch. Vielmehr gibt es die graduelle Wahrheit. Unter diesem Gesichtspunkt ist die Behauptung wahr, dass eine sehr große Anzahl Sandkörner einen Haufen bildet. Und es ist falsch, zu behaupten, dass ein Haufen aus sehr wenigen Sandkörnern besteht. Für diese Grenzfälle gibt es weder wahr noch falsch. Der Wahrheitsgehalt sinkt, wenn die Anzahl der Sandkörner sich der unteren Grenze eines Sandhaufens nähert.

Übung 2

Schmutzige Kinder

DIE AUFGABE:

Einige Kinder stellen sich in einem undefiniert großen Kreis auf. Jedes Kind kann die Gesichter aller anderen Kinder sehen, nur sein eigenes nicht. Ein Lehrer sagt ihnen, dass mindestens ein Kind unter ihnen ein schmutziges Gesicht hat und bittet alle Kinder mit schmutzigen Gesichtern, einen Schritt nach vorn in den Kreis zu machen. Folgt keiner der Aufforderung, wird die Frage wiederholt. Das Paradoxon: Nimmt man n Kinder mit Schmutzgesichtern an, wird kein Kinder vor der n-ten Aufforderung vortreten, und dann werden alle n Kinder einen Schritt machen. Wenn aber der Lehrer – ohne die Kinder vorher zu informieren, dass eins von ihnen ein schmutziges Gesicht hat – die Frage einfach immer wiederholt, dann wird nie ein Kind vortreten. Wieso ist das so?

DIE METHODE:

Um die Kraft des Paradoxons zu erfassen, ist es hilfreich, die bemerkenswerten geistigen Fähigkeiten dieser imaginären Kinder anzuerkennen, die unabhängig von der Kreisgröße alle Gesichter sehen können. In größeren Kreisen müssen diese Fähigkeiten übermenschlich sein, aber darauf wollen wir hier nicht eingehen. Auch, dass alle Kinder sofort anerkennen, dass alle anderen Kinder alle Gesichter außer dem eigenen sehen. Außerdem sind die Ableitungsfähigkeiten der Kinder vermutlich fehlerlos, auch bei unglaublich weiten örtlichen Gegebenheiten.

Angenommen, der Lehrer hat ihnen gesagt, dass es mindestens ein Kind unter ihnen mit schmutzigem Gesicht gibt. Das betreffende Kind weiß sofort, dass es gemeint ist, da es alle anderen Kinder sehen kann und keins ein schmutziges Gesicht hat. Wenn das schmutzgesichtige Kind nicht weiß, dass mindestens ein Kind ein schmutziges Gesicht hat, kann es nicht schließen, dass es sich dabei um sein Gesicht handelt und würde nicht vortreten. Auf diesem wichtigen ersten Fall basieren alle anderen, die Worte des Lehrers machen den Unterschied. Nehmen wir an, dass lediglich zwei Kinder Schmutz im Gesicht haben. Die Kinder werden das schon vor der Ansprache des Lehrers gesehen haben, außer denen, die schmutzige Gesichter haben. Aber auch die können sehen, dass mindestens ein Kind ein Schmutzgesicht hat, wie der Lehrer sagt. Also wird kein Kind bei der ersten Aufforderung vortreten. Für die saubere Kinder ist das klar, sie sehen ja die schmutzigen Gesichter. Aber den zweien, die nur ein schmutziges Gesicht sehen, wird jetzt bewusst, dass es mehr als eins geben muss. Wenn es nur eins geben würde, wäre es bei der ersten Aufforderung vorgetreten. Da keines der Aufforderung nachgekommen ist, muss es ein schmutziges Gesicht gesehen haben, das nicht seins war. Die zwei schmutzigen Kinder wissen jetzt, dass auch ihre Gesichter schmutzig sind, da jedes weiß, dass das Schmutzgesicht, das das eine schmutzige Gesicht gesehen hat, zu keinem anderen im Kreis gehört. Beide Kinder mit schmutzigem Gesicht ziehen den richtigen Schluss und treten vor.

Hätte der Lehrer ihnen vorab nicht die Information gegeben, dass mindestens einer von ihnen ein schmutziges Gesicht hat, hätte es keins von ihnen ableiten können, obwohl sie geradewegs vor Augen haben, was der Lehrer sagte. Sie können es sehen, aber wenn der Lehrer es nicht verkündet, wird kein Kind vortreten. Warum?

DIE LÖSUNG:

Ohne die Information des Lehrers würde kein Kind vortreten, auch wenn es nur ein einziges schmutziges Gesicht im Kreis gebe. In der zweiten Runde mit zwei schmutzigen Gesichtern können sie nicht länger annehmen, dass es nur ein Kind mit schmutzigem Gesicht im Kreis geben kann, es wäre bereits vorgetreten. Ohne diese Annahme ist die Selbstidentifizierung als Schmutzgesicht in späteren Runden nicht möglich.

Eben haben wir im Szenario mit zwei schmutzigen Gesichtern gesehen, dass die Schlussfolgerung der beiden schmutzigen Kinder, es gebe nur ein schmutziges Gesicht, abhängig davon ist, ob in der ersten Runde ein Kind vorgetreten ist oder nicht. In der zweiten Runde greift die Schlussfolgerung nicht mehr. Natürlich trifft sie nur auf die zwei schmutzigen Kinder zu, die jeweils nur ein schmutziges Gesicht sahen. Alle anderen Kinder wussten das durch Hinsehen, die beiden Schmutzgesichter erst, nachdem kein sichtbar schmutziges Kind nach der ersten Aufforderung vorgetreten ist. So weiß bei Beginn der zweiten Runde jedes Kind, dass es mindestens zwei schmutzige Gesichter gibt.

Die n Kinder mit schmutzigem Gesicht wissen sofort, dass es mindestens n schmutzige Kinder gibt, aber sie erfahren, dass es n Schmutzgesichter gibt, wenn das $n-1$ Kind mit schmutzigem Gesicht, das sie sehen, nicht nach der $n-1$ten Aufforderung vortritt. Für die saubere Kinder gilt das Gegenteil: anfangs sehen sie, dass es n Schmutzgesichter gibt, daher wissen sie, dass mindestens n schmutzige Gesichter da sind (und *höchstens* $n+1$). Sie erfahren erst, dass es *höchstens* n schmutzige Kinder gibt, wenn die n, die sie sehen, nach der n-ten Aufforderung vortreten.

Kapitel 3

Logik und Wahrheit

Wenn die Wahrheit frei macht, ist die Logik der Schlüssel dafür. Behält man einen festen Blick auf die Wahrheit, kann die feinste Logik doch überraschen und in scheinbarem Widerspruch enden. Wieder fragen wir nicht *Was ist wahr?*, sondern vielmehr *Was ist die Wahrheit überhaupt? Was bedeutet es, wenn man sagt, dass eine Annahme oder ein Glaube wahr ist?* Wir betrachten linguistische Beispiele, Selbstbezüglichkeit, Zugehörigkeit und Beweisbarkeit. Die Paradoxien stammen sowohl aus dem frivolen als aus den alltäglichen, aus den linguistischen und mathematischen Bereichen, stoßen jedoch bisweilen zu zentralen Themen der Philosophie und der mathematischen Logik vor.

Logische Paradoxien

Logische Paradoxien können gleichzeitig Spaß machen und erzürnen, welches vielleicht bereits ein Paradoxon an sich ist. Bevor wir tiefer in das Thema eintauchen, gibt es hier ein paar unbeschwerte Beispiele.

Das Karten-Paradoxon

Versuchen Sie dies einmal auf Ihrer nächsten Party, aber möglichst nicht vor dem dritten Cocktail. Reichen Sie einem Gast eine leere Karte und einen Stift und bitten Sie ihn, Ihnen die Karte mit einem Kreuz versehen zurückzugeben, wenn – und nur wenn – er glaubt, dass die Karte leer ist, wenn Sie sie zurückerhalten. Wenn er glaubt, Sie finden, dass sie leer sein wird, dann soll er sie markieren. Danach wird sie nicht leer sein. Wenn er glaubt, Sie finden ein Kreuz darauf, sollte er sie leer lassen. Dann wird sie aber leer sein!

Wenn Sie nun denken, Sie stehen kurz davor, Ihren Verstand zu verlieren, denken Sie an Iwan Pawlows arme Hunde. Pawlow trainierte seine Hunde darauf, bei dem bloßen Klang einer Klingel zu speicheln, indem er das Klingeln wiederholt mit Futter koppelte – ein Beispiel für klassische Konditionierung. Er und seine Mitforscher trieben es so weit, dass ein Hund Futter erwartete, wenn ihm ein Kreis gezeigt wurde, aber wusste, es gibt nichts, hielt man ihm eine Ellipse vor die Nase. Allmählich näherten sie die beiden Formen einander so weit an, dass der Hund sie nicht mehr unterscheiden konnte und nicht mehr wusste, was er zu erwarten hatte. Das grausame Ergebnis war eine Psychose. Ähnliches könnte Ihnen passieren, wenn Sie zu lange über das Karten-Paradoxon nachdenken.

Galgenhumor

Eine Stadt in einem fremden Land erließ das Gesetz, dass alle, die in die Stadt wollten, ihren Beruf angeben mussten. Denjenigen, die dies ehrlich taten, wurde Einlass gewährt und sie durften in Frieden ziehen. Diejenigen, die logen, wurden an einem für diesen Zweck erbauten Galgen aufgeknüpft.

Einmal wollte ein Reisender die Stadt betreten und wurde nach seinen Geschäften gefragt. Seine Antwort war: „Mein Geschäft in dieser Stadt ist es einfach, an diesem Galgen gehängt zu werden."

Was sagt das Gesetz – soll er gehängt werden oder freien Eintritt bekommen? Wenn er die Wahrheit gesagt hat, ist er gekommen, um gehängt zu werden. Wenn das nicht geschieht, hat er nicht die Wahrheit gesagt und sollte gehängt werden. Wird er aber gehängt, hat er die Wahrheit gesprochen und sollte die Stadt frei betreten und verlassen dürfen. (Nur besonders zynische Menschen würden sagen: Hängt ihn auf und lasst ihn dann gehen.)

Die Logik des Lothario

In Verzweiflung stellte der schlaue Lothario seiner Angebeteten zwei Fragen:

i) Wirst du diese Frage auf dieselbe Weise beantworten wie meine nächste Frage?

ii) Wirst du leidenschaftlich Liebe mit mir machen?

Das arme Mädchen kommt in Schwierigkeiten, wie auch immer sie die erste Frage beantwortet – angenommen, sie hält sich an ihre Antwort. Wenn Sie ja sagt, muss sie zur zweiten auch ja sagen. Sagt sie nein, muss sie die zweite Frage anders beantworten. Ihre beste Antworte wäre wahrscheinlich Schweigen – oder Lachen.

Ist „nein" Ihre Antwort auf meine Frage?

Hier kommt eine einfache Frage, die Sie niemals richtig beantworten werden. Die korrekte Antwort ist für jeden, der Ihre Antwort hört, leicht ersichtlich und leicht zu geben. Aber Sie werden das nie schaffen. Wenn Sie ja sagen, ist die richtige Antwort nein, also antworten Sie falsch. Antworten Sie mit nein, dann ist die Antwort nein und die korrekte Antwort ist ja. In jedem Fall haben Sie Unrecht.

Die Airy-Schachtel

Der britische Astronom Royal G. B. Airy (1801-1892) soll eines Tages im Greenwich Observatorium eine Schachtel gefunden haben. Er schrieb auf einen Zettel die Worte „leere Schachtel" und legte ihn kurioserweise hinein.

Es mutet seltsam an, dass der Zettel, der anderen im Grunde ersparen sollte, in die Schachtel zu sehen, darin platziert wurde. Außen angebracht wäre die Angabe korrekt, drinnen ist es schlicht falsch. Wie wäre dies: „Die Schachtel, in der dieser Zettel liegt, ist leer." Außen an der Schachtel hat dies keinen Bezug – der Zettel liegt in keiner Schachtel. Legt man ihn jedoch in eine leere Schachtel, stimmt die Aussage nicht mehr.

Was passiert, wenn man nun einen dieser Zettel sicher und glatt an die Innenseite der Schachtel klebt? Ist sie dann noch leer? Wenn der Zettel nicht Inhalt der Schachtel ist, sondern Teil der Innenseite wird, stimmt dann noch die Aussage darauf? Macht der Leim (der sich auch innerhalb der Schachtel befindet) einen Unterschied bezüglich der Glaubwürdigkeit des Satzes?

Nehmen wir an, Sie finden eine leere Schachtel, öffnen sie und schreiben über seine Innenseiten den Satz: „Diese Schachtel ist leer." In der Schachtel befinden sich nun Tinte, Worte und ein Satz. Ist diese Schachtel trotz dieser Zusätze nicht doch immer noch leer? Stimmt der Satz etwa nicht?

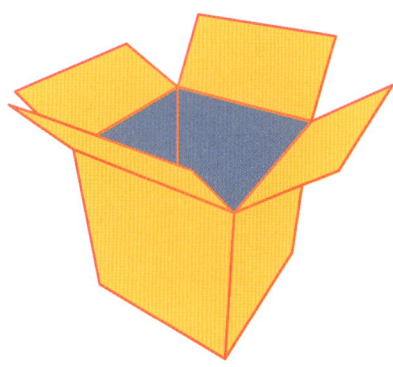

Wie erwarten Sie das Unerwartete

Dieser Ausspruch dient allgemein als Ratschlag, aufmerksam zu sein. In seinem normalen Gebrauch bedeutet er so viel wie „Halten Sie Ihre Vermutungen im Zaum" oder „Seien Sie auf alles vorbereitet". Wenn wir diesen Ratschlag nun wörtlich nehmen – ist es wirklich möglich, etwas zu erwarten, das wir nicht erwarten?

Noch eine Galgengeschichte

Ein Mann wird an einem Sonntag dazu verurteilt, gehängt zu werden. Der Richter bestimmt, dass das Aufknüpfen zur Mittagsstunde an einem der folgenden fünf Tage stattfinden soll, aber welcher Tag genau, soll für den Verurteilten eine Überraschung sein. Der Verurteile ist ein schneller Denker und protestiert, das sei unmöglich. Freitag, in fünf Tagen also, könne nicht überraschend sein, weil er Donnerstagnachmittag den Termin wissen würde, die Überraschung würde geplatzt sein. Freitag in den Wind geschlagen, könnte er mit Donnerstagmorgen damit rechnen, dass der Nachmittag das Hängen bringt. So geht er mit jedem Tag vor, bis kein Tag übrig bleibt. Das Hängen wird nicht überraschend geschehen, sagt er mutig.

Ist diese tatsächlich ein Paradoxon? Gibt es eine unerwartete Voraussetzung, die mit unschlagbarer Argumentation zu einer völlig unakzeptablen Schlussfolgerung führt? Was denken Sie: Ist die Folgerung des Verurteilten unakzeptabel? Halten seine Annahmen jedem Widerspruch stand? Wenn alle diese Fragen bejaht werden, ist das Paradoxon gelungen. Wenn jedoch eine einzige Frage negativ beantwortet wird, ist es nicht echt.

Test, Test...

Weniger grausam und mehr im Alltag verhaftet ist der Überraschungstest. Der Lehrer kündigt einen Überraschungstest für die kommende Woche an. Ein cleverer Schüler behauptet, das sei nicht möglich. Die Klasse trifft sich montags bis freitags einmal täglich. Wenn am Donnerstag nach der Stunde der Test noch nicht geschrieben wurde, wissen alle Schüler, dass das am Freitag geschehen wird. Dann wird es keine Überraschung sein, also hat der Lehrer nicht die Wahrheit gesagt. Wenn Freitag nicht der Tag für den Test ist, bleiben vier andere Tage. Am Mittwoch nach der Stunde wird jeder wissen, dass der Test am Donnerstag geschrieben wird – wieder keine Überraschung. So wird jeder Tag ausgeklammert und das Element der Überraschung ist erledigt.

Überraschung!

Das Überraschungselement, entweder beim Hängen oder bei Tests, ist eine Art Täuschung, Täuschung durch Auslassung. Der Verurteile kannte nur das Zeitfenster, in dem er gehängt werden sollte. Derjenige, der das Zeitfenster bekannt gibt, riskiert damit, die Überraschung selbst kaputt zu machen. Das Paradoxe verschwindet, wenn der Richter überlegter sagt: „Sie

DAS GITTER-PARADOXON

Stellen Sie sich ein Gitter in einem geschlossenen Raum vor, in dem folgende Zahlen stehen:

1	2	3
4	5	6
7	8	9

Ihre Augen sind verbunden, Ihre Arme gebunden. Sie wissen, dass Sie auf einem Feld des Gitters stehen, aber nicht, auf welchem. Ihr Ziel ist es, herauszufinden, wo Sie stehen, aber dafür stehen Ihnen nur zwei Züge frei. Einen Zug zu machen, bedeutet, in ein Nachbarfeld zu gehen: hoch, runter, links oder rechts. Läuft man bei dem Versuch gegen die Wand, gilt auch das als Zug. Ihr wahnsinniger Entführer hat Ihnen gesagt, es sei unmöglich, dass dies in zwei Zügen gelingt.

Aufgrund dieser Aussage können Sie folgern, dass Sie nicht in einer Ecke stehen, denn das würden Sie leicht in zwei Zügen herausfinden. (Laufen Sie zum Beispiel hoch und nach rechts und landen an der Wand, wissen Sie, dass Sie auf Feld 3 stehen.) Nun können Sie die geraden Zahlen ausschließen, denn ein Schritt vorwärts an die Wand würde Ihnen sagen, dass Sie auf der 2 stehen (ebenso bei den Feldern 1 und 3, aber als Eckfelder sind sie keine Option mehr). Es bleibt nur ein Feld übrig, das in der Mitte – die 5. Verblüffen Sie nun Ihren Entführer mit der Lösung der scheinbar unlösbaren Aufgabe, ohne einen einzigen Schritt getan zu haben.

Ist dies ein echtes Paradoxon? Wenn nicht, wie ist die Begründung? Wo liegt der Fehler in der Argumentation?

LÖSUNG

Sorensen diskutierte dieses Pseudo-Paradoxon 1982. Sainsbury weist 1988 auf die Mehrdeutigkeit der Positionsbestimmung in diesem Paradoxon hin, entweder über 1) zwei bestimmte Züge oder über 2) zwei beliebige zwei Züge zu bestimmen. Eine Anzahl Positionen lässt sich durch zwei bestimmte Züge herausfinden, aber nicht durch beliebige Züge. Läuft man auf den für die obige Logik so wichtigen Eckfeldern nicht gegen die Wand, sondern von ihr fort, würde man die Lösung nicht finden.

werden zur Mittagsstunde an einem Tag der kommenden Woche gehängt werden, ich sage Ihnen aber nicht, an welchem." In den oben genannten Pseudo-Paradoxien gehen Richter und Lehrer weiter und treffen Aussagen über die Zukunft des Verurteilten und der Schüler, was nicht nur jenseits ihrer Zuständigkeit, sondern auch dessen liegt, was jemand wissen kann. Richter haben die Macht, jemanden hängen zu lassen und den Zeitpunkt zu bestätigen. Er darf jedoch nicht verkünden, dass das an einem überraschenden Termin geschieht oder wenn das nicht geht, das Hängen nicht stattfindet.

Falsche Bezugnahmen

Jeden Tag beziehen wir uns auf Dinge und stellen Behauptungen auf. Wäre das nicht so alltäglich, würde uns das Erstaunliche daran schneller auffallen. Bezugnahmen sind harmlos und selbstverständlich – solange sie stimmen. Kommt man jedoch an ihre Grenzen, können sie sich auch als Unwahrheiten entpuppen.

Durch die Bezugnahme bezeichnen wir Objekte. Sie stellt die Beziehung zwischen Worten und dem, wofür sie stehen, her. Die einfachste Art sind Eigennamen (Sokrates). Nomen (Sand oder Panther) bezeichnen generell Typen oder eine Gruppe von Dingen. Auch beziehen wir uns auf Ad-hoc-Kategorien wie „Dinge, die man zum Campen mitnimmt". Zieht man in Betracht, dass selbst unausgesprochene Gedanken Worte verwenden, findet die Bezugnahme auch über Ideen und Gedanken statt. Gesten wie Zeigen, mit dem Kopf weisen oder eine hochgezogene Augenbraue nehmen Bezug. Die Quantifikation (Worte wie „einige" und „alle") ist ein eigenes, aber verwandtes Phänomen, das es unseren Gedanken und unserer Sprache erlaubt, Dinge zu betrachten und die Welt einzuschätzen, wie sie ist oder wie sie sein könnte.

Bedeutung und Anwendung

Wir als Personen entdecken eine Sprache, deren Worte mit einem Bezug ausgestattet sind. Früh lernen wir, dass „Ente" einen quakenden Wasservogel bezeichnet.

Mit umfassenderem Blick auf die Menschheit werden Worte nicht entdeckt, sondern erfunden und sind mit einer speziellen Bedeutung verbunden. Die Bedeutungen entwickeln sich, kommen häufig als Neuig-

keiten als den „Markt", bevor sie als Standard in den allgemeinen Gebrauch eingehen. Worte erhalten ihre Bedeutung als Folge der Sozialwahl, die aber normalerweise eine Entscheidung aus Sicht eines Einzelnen ist und seiner Zustimmung bedarf.

Wie Humpty Dumpty in *Alice im Wunderland* können wir natürlich Worte sich auf alles beziehen lassen, was wir wollen. Machen wir das, wird es aber unmöglich für uns, mit anderen zu kommunizieren, da es kein gemeinsames Weltbild mehr gibt. Wenn Worte tatsächlich jede beliebige Bedeutung haben dürfen, könnte man auch davon ausgehen, dass 30[8sf d#fk?q \jao!e fP*-4mg}p vk%9o. Sie dürfen mich zitieren!

Falsche Bezugnahmen

Worte und ihre Bezüge können auf andere, vielleicht interessantere Weisen fehlerhaft sein. Zum Beispiel Pegasus – schließlich gibt es gar kein fliegendes Pferd. Dennoch klingt es glaubwürdig, wenn man sagt, Pegasus ist ein fliegendes Pferd. Das könnte man fiktionale Wahrheit nennen, die nicht wirklich beinhaltet, dass es mindestens ein fliegendes Pferd gibt. (Stellen Sie dem Folgendes entgegen: Da *Seabiscuit* ein Rennpferd war, gab es mindestens ein Rennpferd.") Der amerikanische Logiker Willard Van Orman Quine schlug die Formulierung, „etwas pegasiert nicht" vor anstelle von „Pegasus existiert nicht". Eine Erwähnung wert ist ein anderer Bezugsfehler bei eindeutigen Beschreibungen:

(i) Der amtierende König von Nepal ist nicht reich. Ein Problem besteht darin, dass Nepal gar keinen König mehr hat, das Subjekt des Satzes hat also keinen Bezug. Bewerten wir die Aussage i als falsch, sollte die folgende Verneinung der Wahrheit entsprechen.

(ii) Der amtierende König von Nepal ist reich. Wieder erkennen wir den Irrtum und machen diese Aussage nicht. Bertrand Russell analysierte Aussagen wie Satz i mit den genialen folgenden Zeiten:

Es gibt einen amtierenden König in Nepal, und nur einen, und diese Person ist nicht reich.

Aufgrund seiner klaren, logischen Struktur kann dieser Satz auf verschiedene Weisen falsch sein (beispielsweise durch das Ende der Monarchie), die den Besitzstand des nicht existierenden nepalesischen Kronenträgers nicht umfassen.

Manchmal gibt es keinen Bezug

Bei längerer Betrachtung wirkt die Logik der Situation unten und rechts zunehmend besorgniserregend. Es scheint klar auf der Hand zu liegen, dass die Realität sich teilen lässt - in einen Teil mit Bezugnahme und alles andere. Das Problem ist, dass wir alles andere nicht erwähnen können, weil wir uns dann darauf beziehen.

Versuchen Sie einmal, jemandem das nachstehende Diagramm zu erläutern, ohne die Logiksünde zu begehen, sich auf etwas zu beziehen, das keinen Bezug hat.

DAS ZEICHEN DES NICHTS

Dieses Zeichen bezieht sich auf „Nichts". Das unterscheidet sich stark davon, sich nicht auf irgendetwas zu beziehen. Hat ein Wort keinen Bezug, ist es bedeutungslos. Dieses Zeichen ist es nicht aussagelos.

NICHTS

Man kann sich nicht auf etwas beziehen, auf das man sich nicht beziehen kann – das ist nicht nur wahr, sondern liest sich im Prädikat wie eine überflüssige Wiederholung von dem, was im Subjekt bereit gesagt wurde. Tatsächlich ist das Subjekt bezuglos. Nähme es Bezug, würde es im Widerspruch zu sich selbst stehen. Als Wahrheit ist es ein Blindgänger.

Alles, worauf man sich beziehen kann, steht in diesem Kreis.

Alles, worauf man sich nicht beziehen kann, steht außerhalb dieses Kreises.

Selbstreferenz

Dass die Bezugnahme die Fähigkeit der Worte sein soll, für etwas zu stehen, das ihre eigenen Grenzen übersteigt, klingt sehr hübsch, erklärt aber nicht viel. Wenn wir über die Welt sprechen, haben Worte eine über sich selbst hinausgehende Bedeutung. Sie können sich aber auf sich selbst beziehen. Viele Worte sagen etwas über andere Worte oder wie sie anzuwenden sind. Manche Worte und Wortkombinationen beziehen sich nur auf sich selbst.

Der Selbstbezug von Worten kann so unverfänglich sein, dass es schwer ist, zu erkennen, dass ihm etwas höchst Verdächtiges anhängt. Zum Beispiel gibt es keine offensichtlichen Probleme mit folgenden Sätzen:

„Dieser Satz ist das erste Beispiel auf der Liste."

„Dieser Satz ist kurz."

Andere Sätze können lustiger sein, bergen aber auch noch kein Verständigungsproblem:

„Dieser Satz ist selbstreferentiell."

„Diese Rede besteht aus einem kurzen Kommentar, gefolgt von einigen Dankesworten. Vielen Dank."

Umgekehrte Selbstreferenz
Ein indirekter, aber gebräuchlicher Fall von Selbstreferenz tritt auf, wenn jemand seine tiefsten Gefühle so bekundet: „Worte können nicht ausdrücken, was ich fühle!"

Dies ist allgemein verständlich und somit eine sehr effektive Art, Gefühle auszudrücken. Und das, obwohl der Satz

selbst verneint, genau das zu können. Andere Beispiele sind weder effektiv noch harmlos. Bevor wir uns den eigentlichen Paradoxien zuwenden, lassen Sie uns ein anderes Problem beleuchten: die Grundlosigkeit. Darauf stoßen wir, wenn die Selbstreferenz sich im Kreis dreht und es nicht schafft, das Objekt der Referenz zu treffen, wie ein Hund, der seinen Schwanz jagt. Das mag unterhaltsam sein, bringt einen aber nicht weiter und kann schnell zum Ärgernis werden. Hier ein handverlesenes Beispiel:

(i) Dieser Satz ist wahr. Der Satz nimmt auf sich selbst Bezug. Genau wie der nächste Satz, der eine genaue Übersetzung von i ins Französische ist:

(ii) Cette phrase est vrai. Sagen beide Sätze dasselbe aus? Könnte man meinen, da sie korrekte Übersetzungen voneinander sind. Außerdem sagt i von sich dasselbe wie ii. Dennoch handelt es sich bei i und ii nicht um dieselben Sätze. Elles ne sont pas le même phrases. Zwei Sätze, die sich auf unterschiedliche Sätze beziehen, können unmöglich dieselbe Bedeutung haben. Sie sagen einfach nicht dasselbe aus.

Aber welche Aussage hat Satz **i**? Philosophen bewerten Aussagesätze auf unterschiedliche Weisen: Beispielsweise durch Festlegung der Bedingungen, unter denen ein Satz wahr sein kann oder durch Hinweise darauf, was zu tun ist, um den Beweis zu erhalten, dass die Aussage wahr ist. So ist es ganz klar, wie man herausfinden würde, unter welchen Bedingungen ein Satz wie **iii** wahr ist:

(iii) Das neue Baby ist ein Junge.
Die Aussage in Satz **iii** ist eindeutig und geradlinig, die Wahrheitsbedingungen ebenfalls. Wenn das neue Baby ein Junge ist, ist die Aussage richtig. Wenn nicht, ist sie falsch. Die zugrundeliegende Wahrheitstheorie bewertet Satz **iii** als wahr, wenn er den Tatsachen entspricht. Alternativ wird die Aussage eines Satzes durch einen Verifikationsprozess zur Feststellung des Wahrheitswertes angezeigt, in diesem Fall durch reine Beobachtung. Woanders könnte das durch Zählen, Rechnen oder Messen geschehen.

Das lässt sich auf Aussage **i** nur schwer anwenden. Um ihren Wahrheitswert zu überprüfen, müssen wir herausfinden, ob sie der Realität entspricht. Das hängt davon ab, ob der Satz, auf den sie sich bezieht, wahr ist. Das müssen wir wissen. Und so drehen wir uns um uns selbst und kommen der Antwort keinen Schritt näher. Aufgrund der Selbstreferenz können wir die Aussage **i** nicht überprüfen. Und drehen uns noch einmal im Kreis und wieder zurück zum Satz selbst. Daher ist es unmöglich, festzustellen, ob Aussage **i** wahr ist oder nicht.

Und da das so ist, handelt es sich um eine leere These. Da der Satz sich nur auf sich selbst bezieht, haben wir keine Möglichkeit, um die Aussage zu verifizieren.

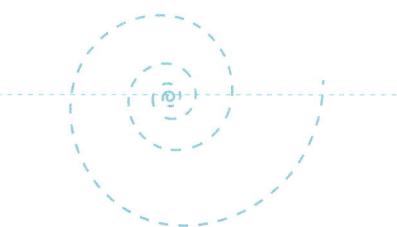

DIE JAGD NACH DER WAHRHEIT

Einige Menschen bilden einen Kreis, jeder zeigt auf die Person rechts neben sich. Einer sagt: „Was diese Person gleich sagt, ist wahr." Sie möchten hören, was diese Person zu sagen hat, aber sie zeigt mit denselben Worten auf die Person rechts neben sich: „Was diese Person gleich sagt, ist wahr." Und so geht es immer weite., Sie verfolgen dies von Person zu Person in der Hoffnung, irgendwann einmal eine Aussage zu erhalten, damit Sie endlich den Wahrheitswert der ersten Behauptung feststellen können. Aber jedes Mal werden Sie an die nächste Person verwiesen, bis Sie wieder bei der ersten Person landen, die noch einmal wiederholt, was sie eingangs gesagt hat.

Können wir die erste Aussage bedeutungslos nennen, wenn wir jedes Mal verstehen, was gesagt wird? Können die einzelnen Teile bedeutungsvoll sein, das Ganze nicht?

Selbstzugehörigkeit

Wir haben gesehen, dass einige Sätze unbegründet sind – wie der Beispielsatz auf der vorhergehenden Seite: „Dieser Satz ist wahr." Jeder Versuch, diese Aussage zu verifizieren, kreist endlos um sich selbst, ohne zur Lösung zu kommen. Sie überlappt mit der Realität, die sie darstellt. Wann immer Sie versuchen, die Wahrheit festzustellen, brechen alle Fundamente, auf denen sie stehen könnte, weg.

Mengenlehre

Ein verwandtes Phänomen findet man in der Mengenlehre, bekannt als „nicht wohlgeordnete Mengen". Mengen sind Gruppen von Objekten, die „Elemente" oder „Teile" genannt werden. Mengen werden durch die Elemente charakterisiert, die sie umfassen. Es gibt keine zwei Mengen mit exakt gleichen Objektgruppen. Eine Regel, das „Fundierungsaxiom", stellt sicher, dass Mengen wohlgeordnet sind: Sie dürfen nicht Element ihrer selbst sein oder ihrer Elemente und so weiter. Dies Axiom ist allerdings optional. Mengenlehre ohne Fundierungsaxiom ist folgerichtig, vorausgesetzt, dass Mengenlehre mit Axiom es auch ist. Nicht wohlgeordnete Mengen wurden auf eine Vielzahl von Anwendungen untersucht.

Nehmen wir eine Menge s mit einem einzigen Element, nämlich s selbst. Geschrieben wird das $s \in s$ als Abkürzung für „s ist Element von s". Oder auch „$s = \{s\}$", was für „s ist eine Einermenge mit s als Element" steht. Darauf ergibt sich eine endlos lange Kette, in der s ein Element von s ist, ein Element von s ist, ein Element von s ist.... Die Schreibweise dazu ist: $...s \in s \in s \in s \in s \in s...$

Kommt Ihnen das bekannt vor? Diese nicht sinnvolle Menge s hat viel mit dem unbegründeten Satz: „Dieser Satz ist wahr" gemeinsam. Um s zu identifizieren, muss man sich die Elemente ansehen, allerdings ist s das einzige Element. Man kann alle s wie Zwiebelhäute abschälen und stößt doch nur wieder auf das gute, alte s darunter.

Betrachten wir nun die Menge v, die sich von s darin unterscheidet, dass v eine Einermenge ist, die nur v als Element hat oder, um es anders auszudrücken: $v = \{v\}$. Und das steht für $...v \in v \in v \in v \in v \in v...$

Die Menge v ist anders als die Menge s, gemeinsam ist ihnen die Selbstzugehörigkeit, die Einermenge. Ohne Zugang zur Menge müssen wir dennoch zur Identifizierung der Menge ihre Elemente sehen können. Und hier stranden wir, denn die Unterschiede bleiben auf ewig unsichtbar. (Vergleichbar mit der Art, in der „Dieser Satz ist wahr" sich von „Cette phrase est vraie" unterscheidet.)

Bevor wir die nicht wohlgeordneten Mengen verlassen, denken Sie über die Mengen a und b nach, wobei a ungleich b ist. $a = \{b\}$ und $b = \{a\}$. In diesem Fall ist a eine Einermenge mit nur einem Element, nämlich b. Auch b ist eine Einermenge mit dem einzigen Element a. So haben wir hier die kuriose Endlos-Wahrheit: $...a \in b \in a \in b \in a \in b \in a \in b \in a...$ Wir öffnen eine Schachtel nach der anderen, nur um

immer wieder die erste Schachtel darin zu finden. Diese nicht wohlgeordnete Beziehung zeigt eine erstaunliche Ähnlichkeit zum Yin-Yang-Symbol, bei dem das dunkle Yin das helle Yang sowohl umrundet als auch in seiner Mitte verläuft und ebenso andersherum.

Nichtselbstzugehörigkeit

Berühmt ist der Spruch von Groucho Marx: „Es würde mir nicht im Traum einfallen, einem Klub beizutreten, der bereit wäre, jemanden wie mich als Mitglied aufzunehmen." Eine witzige Bemerkung und auch eine passende Überleitung zu Bertrand Russells Paradoxon der Menge aller Mengen, die sich nicht selbst als Element enthält.

Vor Russell waren die Logiker davon ausgegangen, dass sich aus jeder Objektgruppe eine Menge bilden ließ. Beispielsweise könnte man aus den Eigenschaften P eine Menge mit allen Objekten x zusammenstellen – diese Menge wurde mit der Formel $\{x:Px\}$ ausgedrückt.

Russell zeigte, dass dieses Prinzip, Verständnisaxiom genannt, falsch war. Genialerweise gab er den Objekten das Attribut: „ist kein Element von sich selbst", in einer Formel ausgedrückt: Px ist $x \notin x$. In diesem Fall sollte es eine Menge $\{x:x \notin x\}$ geben, die alle Mengen umfasst, die nicht

Element von sich selbst sind – ein praktisches Beispiel könnte eine Enzyklopädie sein, die alle Enzyklopädien aufführt, die ohne Eintrag sind, der auf sich selbst Bezug nimmt. So weit, so gut. Aber was sind die Eigenschaften der Menge selbst? Kann man sie mit allen anderen Objekten aufführen, die das Attribut „ist kein Element von sich selbst" besitzen? Sollte die Enzyklopädie der Enzyklopädien einen Vermerk auf die eigene Existenz geben?

Im ersten Impuls verneint man das. Ein solcher Hinweis würde die Bedingung „ist kein Element von sich selbst" zu Nichte machen. Also besser nicht. Damit sind die Bedingungen erfüllt… oder nur augenscheinlich?

Ohne den selbstreferentiellen Vermerk in unserer Enzyklopädie tritt das Paradoxon zutage. Durch das Auslassen des Hinweises tut sie der Bedingung „ist kein Element von sich selbst" Genüge und sollte daher mit den anderen Enzyklopädien aufgelistet werden. Wird dem Folge geleistet, ist die Bedingung „ist kein Element von sich selbst" nicht erfüllt.

Russells Paradoxon hat die Entwicklung der Mengenlehre vorangetrieben. Nur unser gedachter Zusammensteller der Enzyklopädien kommt nicht weiter: Nimmt er die Selbstreferenz nicht auf, müsste sie gelistet werden. Tut er es, darf sie nicht gelistet werden. Der arme Herausgeber steht vor einem unlösbaren Paradoxon, aus dem die vermutlich einzige Lösung die Flucht in den Wahnsinn ist.

Mein Ich und mein Selbst

Wir haben bereits dargestellt, dass sowohl wir als auch unsere Worte Bezug auf etwas nehmen. Worte und Sätze (dieser hier nicht ausgenommen) können Aussagen über sich selbst treffen. Das kann zu Paradoxien führen, aber häufig geht es dabei ganz unschuldig zu. Wenn es aber im Persönlichen zur Selbstreferenz kommt, tut sich dabei eine Welt an Geheimnissen und Rätseln auf.

Da wir gerade von mir sprechen...

Wir alle kennen sie: Menschen, die ausschließlich über sich selbst reden. Persönliche Selbstreferenz kann ein ebenso großer gesellschaftlicher Fauxpas sein wie unbegründete Behauptungen wie „Dieser Satz ist wahr" es im logischen Bereich sind. Das letztere findet nicht wirklich statt, das erstere wohl, wobei wir nur ins Fettnäpfchen treten können.

Die Fähigkeit, sich auf uns zu beziehen ist, ein wichtiger Bestandteil davon, wie wir uns wahrnehmen. Wir wissen dadurch, dass wir in allen Situationen wir selbst bleiben. Meine Erfahrungen gehören unwiderruflich zu mir. Da ich Subjekt und Zeuge dieser Erfahrungen bin, beziehen sie sich auf mich. Wache ich morgens auf, beziehe ich mich auf den Menschen, der sich letzte Nacht zu Bett begeben hat, da es der ist, der gerade wach wurde.

Selbstreflexion

Descartes' Urbegriff „Ich denke, also bin ich" zieht ein metaphysisches Kaninchen aus dem Experimentier-Zylinder. Unsere Erfahrungen verleiten zur Selbstreferenz, unsere Existenz legitimiert dies. Sind Sie ein Ereignis oder ein Wesen? Sind Sie ein Wer oder ein Was?

Stiglers Gesetz der Eponyme

Anerkennung gelangt oft nicht dorthin, wo sie hingehört. Die Geschichte jubelt häufig einen berühmten, aber zweitrangigen Geist hoch und vergisst den echten Denker. Immer wieder werden Gesetze und Entdeckungen nicht den Urhebern zugesprochen, sondern weniger begabten, aber bekannteren Denkern. Diese Tendenz ist so gängig, dass sie in Stiglers Gesetz der Eponyme formuliert wird. Sie besagt, dass keine wissenschaftliche Entdeckung tatsächlich nach dem eigentlichen Entdecker benannt wird. Stephen Stigler hat dieses Gesetz nach sich selbst benannt, besaß aber die Einsicht, es jemand anderen zuzuschreiben.

Ich und mein Selbst

Für den, der den Satz „Ich bin ich selbst" äußert, besteht kein Grund, an der Wahrheit des Satzes zu zweifeln. Es fällt leicht, diese Behauptung als leere Doppelaussage abzutun, so inhaltsleer wie A=A. Niemand würde etwas gegen die Sätze einzuwenden haben. (Hm, fast niemand! Der große deutsche Philosoph Georg Wilhelm Friedrich Hegel folgerte in *Die Wissenschaft der Logik*: „A ist nicht A" und dass „Identität in sich selbst absolute Nicht-Identität" ist.) Ich aber weiß, dass es zwischen den Identitäten Unterschiede gibt. A=A trägt keine Information, aber „Ich bin ich selbst" kann unter Umständen eine Offenbarung sein.

Kurz nach meinem vierten Geburtstag hatte ich, Michael Picard, folgendes Erlebnis: Ich war allein zu Hause und saß in dem alten Sessel, aus dessen abgenutzten Armlehnen bereits das weiße Polstermaterial herausquoll. Meine älteren Geschwister versuchten manchmal, die jüngeren Geschwister zu erschrecken, indem sie so taten, als äßen sie die Polsterung. Dafür brachen sie die Kruste von Weißbrotscheiben ab, rollten das Innere zu Kugeln und warfen es sich mit Todesverachtung im Gesicht in den Mund. Als mittleres Kind durchschaute ich den Trick. An diesem besagten Tag aß ich allein das Brot, dessen Weißes ich zu Kugeln geknetet hatte. Ich redete mir ein, ich würde die Polsterung verspeisen, steckte mir die Krümel in den Mund und war erstaunt – es war Brot! Ich hatte es geschafft, mich selbst zu überlisten und war nun auf mich selbst hereingefallen. Damit erlebte ich meinen ersten existentiellen Moment. Die Einsicht kam als große Überraschung: Ich bin ich selbst.

Jahre später lernte ich den berühmten Unterschied kennen, den der amerikanische Psychologe und Philosoph William James zwischen „Ich" als Subjekt meiner Erfahrung und „Selbst" als Objekt meiner Erfahrungen zog. Ich bin Zeuge meiner Erfahrungen – das „Ich" als Subjekt meiner Subjektivität. Aber ich erfahre mich auch als Objekt – wenn ich beispielsweise meinen Körper berühre und sage, das bin ich selbst. Dies Objekt, das „Selbst", ist auch anderen Subjekten zugänglich, Subjekten in meiner Umgebung, wie Eltern oder Geschwistern. Das Selbst ist physisch und sozial, es wird öffentlich geteilt. Das Ich hingegen ist persönlich und geistig, es bleibt privat.

Um mich selbst zum Narren halten zu können, musste ich über ein jeweils eigenständiges Subjekt und Objekt verfügen, über mein Ich und mein Selbst. Mein Ich musste eine Sache denken und denken, dass mein Selbst etwas anderes denkt. Am Ende wusste ich, dass ich recht hatte: Das Selbst war auf mein Ich hereingefallen.

Das Lügner-paradoxon

Das sogenannte Lügner-Paradoxon findet sich bereits in der: „Es hat einer aus ihnen gesagt, ihr eigener Prophet: ‚Die Kreter sind immer Lügner, böse Tiere und faule Bäuche.' Dies Zeugnis ist wahr." (Titus 1:12-13)

Wenn es stimmt, was Paulus anführt, dann sind alle Kreter Lügner. Wenn „immer Lügner" bedeutet, dass sie immerzu lügen, stimmt dieses Zeugnis nicht. Paulus hätte nicht anfügen sollen, dass es wahr ist. Wenn, entgegen dessen, was Paulus behauptet, das Zeugnis nicht wahr ist, dann sind Kreter nicht immer Lügner, was bedeutet, dass sie manchmal keine Lügner sind. Was die Wahrheitsgarantie betrifft, die Paulus gibt, so ist die falsch. Aus dem Zusammenhang heraus scheint es wahrscheinlicher, dass der Heilige einen Witz machte und nicht logische Kritik übte.

Die Kunst, nicht zu lügen

Trotz der Formulierung in der Bibel hat das Lügner-Paradoxon gar nichts mit Lügen zu tun. Lügner steht für einen Menschenschlag. Immer ein Lügner zu sein, bedeutet, immer zu diesem Menschenschlag zu gehören. Aber ein Zugehöriger dieser Gruppe muss nicht unbedingt ständig lügen. Um ein rechter Lügner zu sein, reicht es, regelmäßig oder routinemäßig zu lügen, so dass sich niemand darauf verlassen kann, dass derjenige die Wahrheit sagt. Lügen ist die Absicht zur Täuschung. Der Satz „Ich lüge gerade" könnte versehentlich als eine Version des Lügner-Paradoxon gehalten werden, ist aber tatsächlich nur eine missglückte Formulierung.

So geradeheraus sind Lügner eher selten, normalerweise möchten sie vertuschen,

dass sie lügen. Ein Lügner muss viele Wahrheiten von sich geben, bevor er eine glaubhafte Lüge erzählen kann. Während des Lügens darauf hinzuweisen, dass man nicht die Wahrheit spricht, hieße, sich selbst zu verraten. So täuscht man niemanden. Sagt Ihnen jemand, dass er Sie gerade anlügt, kann er Sie nicht täuschen und versucht allenfalls, zu lügen – mit mäßigem Talent.

Ein glaubhafter Lügner

In den besten Versionen des Lügner-Paradoxons wird das Lügen gar nicht erwähnt, nur die Wahrheit oder das Fehlen derselben. In den folgenden Sätzen kommt nur „falsch" vor:

(i) „Was ich jetzt behaupte, ist falsch."
(ii) „Dieser Satz ist falsch."
(iii) „Die Proposition des vorhergehenden Satzes ist falsch."
(iv) „Die Proposition dieses Satzes ist falsch."

Aussage i und besonders ii sind am direktesten. In Aussage iii findet der wichtige, aber kontroverse Ausdruck der Proposition Anwendung. Wird in einem Satz ein Sachverhalt aufgestellt, nennt man dies Proposition. Dieselbe Sache kann auf verschiedene Weisen ausgedrückt werden, durch unterschiedliche Worte – die Proposition bleibt dieselbe. Radikal unterschiedliche Sätze (zum Beispiel aus verschiedenen Ländern) können dieselbe Proposition tragen. Propositionen sind abstrakte Objekte, von einigen Philosophen als Primärträger der Werte „wahr" oder „falsch" angesehen. Sätze, auch Gedanken und Überzeugungen, werden dabei als nur wahr oder falsch eingestuft, wenn sie eine Proposition beinhalten, die wahr oder falsch ist. Aussage **iv** platziert das Paradoxon in die Proposition hinein, nicht einfach in den Satz, der sie ausdrücken soll.

Das Prinzip der Zweiwertigkeit

Stellen Sie Ihre eigene Argumentation auf, um zu zeigen, dass **i** bis **iv** echte Paradoxien sind. Beginnen Sie damit, dass alle Sätze wahr sind und beweisen Sie, dass das nicht stimmt. Danach gehen Sie davon aus, dass alle falsch sind und zeigen Sie, dass auch das nicht wahr ist.

Vielleicht werden Sie feststellen, dass Ihre Argumente auf dem Prinzip der Zweiwertigkeit basieren, das aussagt, dass jede Proposition entweder wahr oder falsch ist – ein interessanter Kontrast zu den Wahrheitsgraden auf S. 43.

Stellen wir die Zweiwertigkeit infrage, so müssen wir Wahrheitswerte irgendwo zwischen „wahr" und „falsch" suchen. Vielleicht gibt es zwischen wahr und falsch einen anderen Wahrheitswert, nennen wir ihn „fraglich". Vor diesem Hintergrund ist der Satz **ii** nicht falsch, sondern fraglich, woraus nicht ausdrücklich folgt, dass er wahr ist. Auf diese Art wenden wir das Paradoxon ab.

EIN FRAGLICHER SATZ

Ein dritter Wahrheitswert mag das ein oder andere Paradoxon verhindern, führt aber in ein anderes. Überdenken Sie: „Dieser Satz ist entweder fraglich oder falsch." Zeigen Sie unter Berücksichtigung aller drei Wahrheitswerte, dass ein Widerspruch auch ohne Zweiwertigkeit entsteht.

Hinweis: Eine Disjunktion ist fraglich, wenn mindestens eins der Disjunkte fraglich ist.

Paradoxien entstehen auch ohne Zweiwertigkeit. Das wird deutlich, wenn man in unseren Beispielsätzen „nicht wahr" anstatt „falsch" einsetzt. Arbeitet man sich durch die geänderten Versionen, merkt man, dass ein anderes, logisches Prinzip vonnöten ist. Dies ist das Prinzip des ausgeschlossenen Dritten und besagt, dass jede Proposition entweder wahr oder nicht wahr ist. Bei der praktischen Anwendung ist es schwer, auf Zweiwertigkeit und den ausgeschlossenen Dritten zu verzichten, aber das hat einige großartige Philosophen nicht davon abgehalten.

LÖSUNG

Stimmt das, ist der Satz entweder fraglich oder falsch. In beiden Fällen ist es nicht wahr. Stimmt es nicht, ist der Satz weder fraglich noch falsch. Also ist er nicht falsch. Da er weder wahr noch falsch ist, muss er wohl fraglich sein. Dann aber muss der erste Disjunkt wahr sein. Das aber birgt in sich, dass „Dieser Satz ist entweder fraglich oder falsch" wahr ist.

Vom lächerlichen Paradoxon zur erhabenen Wahrheit

Einige der von uns aufgeführten Paradoxien besitzen lediglich Unterhaltungswert, andere tauchen in die tiefsten Tiefen der Logik ein. Nachstehend erfahren Sie, wie hauchdünn die Linie zwischen skurrilem Paradoxon und fundiertem Lehrsatz bisweilen sein kann.

Im Lügner-Paradoxon geht es also nicht wirklich ums Lügen. Es lässt sich formulieren, ohne Lügen oder eine Täuschungsabsicht überhaupt zu erwähnen. Es braucht nur die Annahme der Falschheit und selbst die kann ersetzt werden durch Wahrheit und Negation. Es zeigt sich jedoch, dass weder Falschheit noch Negation notwendige Konzepte sind: Ein vergleichbares Paradoxon kann ohne die beiden entstehen.

Los geht's: *A* ist ein beliebiger Satz. *B* ist der nachfolgende Satz:

(*B*) Wenn *B* wahr ist, ist *A* es auch.

Also, wenn *B* wahr ist, dann ist der Antezedent (oder „Wenn"-Teil) von *B* auch wahr (da *B* sein eigener Antezedent ist). Aber wenn das konditionale *B* wahr ist und sein Bezugswort wahr ist, dann ist seine Konsequenz (oder „Dann"-Teil) auch wahr sein. *A* ist die Konsequenz von *B*, daher muss *A* wahr sein.

Das klingt vernünftig, nur dass *A* ein beliebiger Satz ist. Wir haben gerade alles bewiesen. Außerdem haben wir dafür keine Negation benutzt, so dass das Lügner-Paradoxon aus einer Kombination aus Wahrheit und Selbstreferenz allein entstehen kann.

Der Lügner wird nicht überführt

Interessant wird es bei den selbstreferentiellen Paradoxien, wenn wir die Idee von der Wahrheit gegen die Idee vom Nachweis austauschen. Statt auf einen Widerspruch zu stoßen, offenbaren sich bedeutende Leitsätze der Logik, besonders Kurt Gödels Unvollständigkeitssätze. Wir beginnen mit einem weiteren trügerischen Paradoxon und schauen mal, wo der Fehler darin liegt.

„Was ich sage, kann nicht bewiesen werden."

Nehmen wir an, diese Aussage kann bewiesen werden. Dann muss der Satz wahr sein. Aber er sagt, sie kann nicht bewiesen werden. Wenn wir vermuten, sie kann bewiesen werden, dann beweisen wir, dass sie nicht bewiesen werden kann. Dann wäre unsere Annahme, sie könne bewiesen werden, falsch. Es bleibt nur noch ein Weg offen: Wir gehen davon aus, sie kann nicht bewiesen werden. Da der Satz genau das aussagt, dann ist er am Ende doch wahr. Und damit ist der Beweis der oben stehenden Aussage abgeschlossen!

Das Problem

Dies ist kein echtes Paradoxon, denn es beruht auf der Doppelbedeutung des Wortes „Beweis." Im Alltagsgebrauch bedeutet

Beweis nichts anderes als guter, starker Nachweis. Alles, was als Wahrheit gezeigt werden kann, ist Beweis. In der Mathematik wird der Begriff genauer definiert. Ein Beweis ist eine endliche Folge wohlformulierter Formeln dergestalt, dass jede entweder ein Beispiel eines Axioms ist oder das Ergebnis vorhergehender Formeln gemäß bestimmten Ableitungsregeln.

Diese Regeln sind so definiert, dass sie von einer Wahrheit zur nächsten leiten. Die Menge nachweisbarer Formeln wird immer der jeweiligen formalen Sprache entsprechend festgelegt, eine Menge an Axiomen ebenfalls sowie eine Menge zulässiger Bedingungen. Hält man sich an den präzisen Begriff der Beweisbarkeit in einem bestimmten logischen System, dann können die Argumente über augenscheinliche, oben diskutierte Paradoxien als falsch angesehen werden.

Vom Paradox zum Theorem

Statt eines Paradoxons wird eine bemerkenswerte Tatsache über die Mathematik enthüllt: Sie ist unvollständig.

Eine genaue Vorstellung der Beweisbarkeit erlaubt es, das Beweisbarkeitskonzept von dem der Wahrheit zu trennen. Zum Beispiel muss die Menge arithmetischer Wahrheiten nicht zwangsläufig dieselbe sein wie die Menge an beweisbaren Theoremen bei Axiomatisierung der Arithmetik.

Gödel fand für jedes arithmetische System eine arithmetische Formel, die zwar wahr war, aber in diesem System nicht bewiesen werden konnten. Aus einem System wäre der Beweis womöglich machbar, aber auch dieses System hätte irgendwo ein Loch und würde einige Wahrheiten der Arithmetik außer Acht lassen.

Wie stellte Gödel es an, diese Unvollständigkeit zu beweisen? Er fand eine einfache Art, in jedem System eine Formel auszudrücken, die ihre eigene Unbeweisbarkeit innerhalb dieses System beteuerte: „Ich bin unbeweisbar."

Gödel behandelte dafür Beweise als arithmetische Feststellungen. Er ordnete erst allen Formeln eigene Nummern zu, anschließend allen Sätzen der Formeln. Mit diesem Code konnte er immer die Nummer der Formel finden, die tatsächlich aussagte: „Diese Behauptung ist in diesem System nicht beweisbar."

War die Formel innerhalb des bestimmten Systems beweisbar, war sie falsch – schließlich behauptete sie, unbeweisbar zu sein. In dem Fall war ein Fehler im System gefunden.

Die Formel ist wahr, wenn das System sie nicht beweisen konnte.

Übung 3

Yablos Paradoxon

DAS PROBLEM:

„Viele sind gerufen, aber nur wenige auserwählt." Oder anders ausgedrückt: Die Schlange vorm Himmelstor ist endlos, doch ist nicht jeder berechtigt, einzutreten. Jeder Wartende fragt sich, ob er der letzte sein wird und ob die anderen aufrichtige und ehrliche Gedanken hegen. Nehmen wir einmal an, dass jeder in der Schlange im selben Moment folgendes denkt: „Was alle hinter mir Stehenden jetzt gerade denken, ist unaufrichtig." Zeigen Sie, dass dieser Gedanke, den alle zum vorgegebenen Zeitpunkt denken, paradox ist – sowohl wahr als auch falsch.

DIE METHODE:

Dieses Paradoxon ist eine Variante des von Roy Sorensen entwickelten Paradoxons, das dieser nach einem Original-Paradoxon von Stephen Yablo erdacht hat. Wir wollen Yablos Paradoxon als mögliche Lösung für das Problem der endlosen Schlange diskutieren. Yablos Paradoxon besteht aus einer unendlich langen Liste von Sätzen, denen man auf folgerichtige Art keinen Wahrheitswert (wahr oder falsch) zuordnen kann:

(1) Alle nachfolgenden Sätze sind unwahr.
(2) Alle nachfolgenden Sätze sind unwahr.
(3) Alle nachfolgenden Sätze sind unwahr.
(k) Alle nachfolgenden Sätze sind unwahr.

Man kann beweisen, dass der erste Satz weder wahr noch falsch sein kann. Dafür versuchen wir, einen Widerspruch aus der Annahme abzuleiten, dass (1) wahr ist. Das wird verdeutlichen, dass (1) falsch sein muss, aber dann können wir auch wieder einen Widerspruch von der Annahme ableiten, dass (1) falsch ist.

Wenn (1) wahr ist, dann sind alle anderen Sätze nicht wahr – denn das genau besagt (1). Aber wenn alle folgenden Sätze unwahr sind, dann trifft das auch auf alle Sätze nach (2) zu (eine Untermenge von allem, was nach (1) kommt). In dem Fall sind die Sätze (3) und folgende unwahr. Das ist exakt, was (2) besagt, also ist (2) doch wahr. Wenn also (1) wahr ist, dann ist (2) sowohl wahr als auch unwahr. Da das unmöglich ist, muss (1) unwahr sein. Wenn wir dem folgen und annehmen, dass (1) unwahr ist, dann können nicht alle nachfolgenden Sätze unwahr sein. Also muss mindestens einer der auf (1) folgenden Sätze wahr sein. Den nennen wir Satz (k). (k) ist wahr, also ist jeder Satz nach (k) unwahr (einschließlich Satz k+1). Schließlich sagte (k) genau das aus. Jeder Satz nach k+1 ist demnach unwahr. Und das ist genau, was der Satz k+1 aussagt! Also ist der Satz k+1 wahr, obwohl wir gerade gesehen haben, dass er unwahr ist (er folgt dem Satz (k), der wahr ist). Wenn also Satz (1) unwahr ist, ist der Widerspruch nur auf einen späteren Zeitpunkt verschoben. Satz (1) kann nicht wahr sein, aber er kann auch nicht falsch sein. Das ist das Paradox.

Beachten Sie den Satz: Wenn (1) wahr ist, sind alle nachfolgenden Sätze unwahr (denn das sagt Satz (1) aus). Beachten Sie außerdem, dass das, was jeden Satz in der Liste wahr sein lässt, bereits darin enthalten sind, was Satz (1) wahr werden lässt, da alle nachfolgenden Sätze sich immer auf eine Teilmenge der Liste beziehen, auf die sich (1) bezieht. Daraus leitet sich ab: Wenn Satz (1) wahr ist, sind es alle anderen Sätze auch. Folglich gilt: Wenn Satz (1) wahr ist, haben alle Sätze einen paradoxen Charakter, sowohl wahr als auch unwahr. Also darf Satz (1) nicht wahr sein. Aber dann ist der Widerspruch, wie wir gerade gesehen haben, nur aufgeschoben. Mindestens einer der nachfolgenden Sätze muss wahr sein, danach ist jeder paradox.

DIE LÖSUNG:

Yablos Paradoxon ist eine endlose Variation des einfachen Lügner-Paradoxon (S. 60). Anders als andere Paradoxien dieser Art

scheint es die Selbstreferenz (S. 54) auszulassen, obwohl dieser Anspruch bereits angefochten wurde (in der Art von *Bezieht sich einer der Wartenden auf seine eigenen Gedanken?*). Diesem Punkt wird erhebliche Gewichtung zugemessen, da des Öfteren argumentiert wurde, dass die Eliminierung der Selbstreferenz die Lösung für alle Paradoxien darstellen würde.

Wenden wir uns dem Umstand zu, dass das Schlangen-Rätsel auf folgende Weise als Paradoxon anzusehen ist. Nehmen wir an, dass einer der Wartenden zum fraglichen Zeitpunkt einem aufrichtigen Gedanken nachhängt und nennen wir denjenigen k. Da k aufrichtige Gedanken hegt, muss jeder nach ihm unaufrichtige Gedanken haben. k wäre also der letzte, der in den Himmel vorgelassen würde, da alle mit unaufrichtigen Gedanken disqualifiziert sind. Wenn aber die Gedanken all derjenigen, die hinter k stehen, unaufrichtig sind, dann sind die Gedanken von allen nach k+1 unaufrichtig. Dadurch wird der Gedanke von k+1 sowohl unaufrichtig, weil k+1 nach k kommt und alle hinter k unaufrichtige Gedanken hegen. Und paradoxerweise auch aufrichtig, weil nur eine einfache Teilmenge der oben angegebenen unaufrichtige Gedanken hat. Die Folgerung ist, dass die Gedanken von k im fraglichen Moment doch nicht aufrichtig sind. Wenigstens eine Person j>k hat aufrichtige Gedanken zu dem Zeitpunkt. Darauf folgt, aufgrund der exakt gleichen Begründung, dass die Gedanken von j+1 gleichzeitig aufrichtig und unaufrichtig sind.

Kapitel 4

Mathematische Paradoxien

Im Reich der Zahlen und im Unendlichen haben viele Paradoxien ihr Zuhause, sowohl scheinbar als auch echt, amüsant und überwältigend. Bevor wir uns einigen illusionären Paradoxien zuwenden, sehen wir uns tiefschürfende Rätsel an, die sich nur mithilfe der mathematischen Lehre der Unendlichkeit lösen lassen. Unendlichkeiten sind eigenartig, zum einen weil sie dieselbe Größe haben wie Teile von sich und zum anderen weil es viele Unendlichkeiten gibt, sodass es für jede unendliche Größe eine größere unendliche Größe gibt.

Scherz-Paradoxien

Das folgende Paradoxon wird gewöhnlich dem britischen Mathematiker und Logiker Augustus De Morgan (1806-71) zugesprochen und ist ein echter Knüller. De Morgan benutzte elementare Algebra, um zu beweisen, dass, wenn $x=1$, dann $x=0$ ist. Eine so unglaublich absurde Schlussfolgerung, dass es in der Beweisführung einen Fehler geben muss. Aber wo? Hier kommt De Morgans Beweis:

Schritt 1: $x = 1$

Schritt 2: Multiplizieren Sie beide
Seiten mit x
$x^2 = x$

Schritt 3: Subtrahieren Sie auf jeder Seite 1
$x^2 - 1 = x - 1$

Schritt 4: Teilen Sie beide Seiten durch $x-1$
$$\frac{x^2-1}{x-1} = \frac{x-1}{x-1}$$

Aus Ihrer Schulzeit erinnern Sie sich sicher daran, dass $x^2 - 1 = (x+1)(x-1)$. Wenn Sie es vergessen haben, suchen Sie online unter „Differenz zweier Quadratzahlen". So, nun weiter…

Schritt 5: $\dfrac{(x+1)(x-1)}{x-1} = \dfrac{x-1}{x-1}$

Schritt 6: Kürzen Sie nun um $(x-1)$
$$\frac{(x+1)\cancel{(x-1)}}{\cancel{x-1}} = \frac{\cancel{x-1}}{\cancel{x-1}}$$

Schritt 7: Also
$x+1 = 1$

Schritt 8: Subtrahieren Sie auf beiden
Seiten 1
$x = 0$

Eine wunderbare Demonstration dafür, dass $x = 0$, wenn $x = 1$, sicher ein perfektes Beispiel für ein Paradoxon.

Und doch handelt es sich hier um einen Trugschluss, eine Täuschung. Ein echtes Paradoxon führt zu seiner absurden, überraschenden oder widersprüchlichen Schlussfolgerung durch Einsatz valider Argumentation. Aber hier gibt es einen klaren, wenn auch schwer zu entdeckenden, mathematischen Fehler. De Morgan war sich dessen natürlich bewusst und setzte diesen „Beweis" nur als Ratespiel oder Kuriosum ein.

Finden Sie den Fehler?

LÖSUNG

Der Fehler ist auch hier, dass versucht wird, durch 0 zu teilen, in diesem Beispiel in Schritt 5.

Der Fehler in De Morgans Beweis

In Schritt 4 stoßen wir auf den Fehler, wenn beide Seiten durch x-1 geteilt werden sollen. Das wirkt nur solange harmlos, bis wir uns an die Prämisse $x = 1$ erinnern. Umgesetzt sollen wir also durch 0 teilen, was mathematisch unmöglich ist.

Um das zu verstehen, müssen wir uns die Definition von Division ansehen: Sie ist die Umkehrung der Multiplikation. In anderen Worten: $a \div b = c$ ist dasselbe wie $c \times b = a$. Oder im konkreten Beispiel: $8 \div 4 = 2$ ist gleich $2 \times 4 = 8$.

Der Versuch, durch 0 zu teilen, wirft eine Menge Probleme auf. Qua Definition ist $a \div b = c$, was dasselbe wie $c \times b = a$. Aber was geschieht, wenn $b = 0$ ist? In dem Fall haben wir $a \div 0 = c$, gleichbedeutend mit $c \times 0 = a$. Das ergibt keinen Sinn. Wenn a ungleich 0 ist, dann gibt es für c keinen Wert, der $c \times 0 = a$ bedienen kann. Ist a gleich 0, ist jeder Wert für c geeignet.

Die Division durch 0 ergibt keinen Sinn und ist daher aus der Mathematik ausgeschlossen. Dadurch ist De Morgans 4. Schritt ungültig, so wie alles, was dem folgt.

Das Rätsel des verschwundenen Dollars

Puristen werden darüber entsetzt sein, ein simples Rätsel in einem Buch über Paradoxien zu finden. Aber der verschwundene Dollar passt gut in unser – zugegebenermaßen – lockeres Schema: absurde, widersprüchliche, konterintuitive Schlussfolgerungen entstehen aus anscheinend vernünftigen Argumentationen. Und überhaupt ist der verschwundene Dollar viel zu lustig, um nicht aufgeführt zu werden.

Drei Personen treffen sich zum Abendessen in einem Restaurant. Hinterher bringt der Kellner die Rechnung, die sich auf 30 $ beläuft, für jeden Gast ist das ein Anteil von 10 $.

Der Kellner bringt das Geld zur Restaurantchefin, die ihm sagt, dass es einen Rechenfehler bei der Aufstellung gegeben hat und das Essen insgesamt nur 25 $ kostet. Die Gäste haben demnach 5 $ zu viel bezahlt.

Die Chefin gibt dem Kellner fünf 1 $-Scheine für die Gäste. Der Kellner aber ist nicht übermäßig ehrlich. Anstatt alle fünf Scheine auszuhändigen, gibt er den Gästen nur drei. Jeder bekommt einen 1 $-Schein, 2 behält er selbst.

Aber irgendetwas ist hier schiefgelaufen. Die drei Gäste zahlen am Ende jeder 9 $, also insgesamt 27 $. Der Kellner steckt 2 $ ein. 27 $ plus 2 $ ergeben aber nur 29 $. Ursprünglich waren es aber 30 $. Wo ist der fehlende Dollar geblieben?

Eine klassische Scherzfrage

Der fehlende Dollar ist eine klassische Denksportaufgabe: ein Dauerbrenner, der immer mal wieder auftaucht, um eine neue Generation Opfer zu erstaunen und zu verwirren. Im Jahr 2003 war er Gegenstand einer Ketten-Email, die das falsche Versprechen enthielt: „Sende dies an fünf Personen und die Antwort wird auf deinem Monitor erscheinen."

NOCH EIN RÄTSEL

Und hier kommt noch ein Rätsel dieses Typs. Können Sie es lösen?

Auf dem Marktplatz verkauft ein Mann Äpfel: drei große Äpfel kosten einen Dollar, fünf kleine ebenso. Während seiner Mittagspause kümmert sich die Tochter des Verkäufers um den Stand. Bevor er geht, zählt er die Äpfel: 30 große und 30 kleine.

Als der Mann zurückkommt, berichtet die Tochter, dass sie alle Äpfel verkauft hat und gibt ihm 15 $.

„Da stimmt was nicht", protestiert der Mann. „Dreißig große Äpfel, drei Stück für einen Dollar, macht 10 $. Und dreißig kleine Äpfel, fünf Stück für einen Dollar, macht 6 $ dazu. Es sollten also 16 $ da sein."

„Das ist aber alles, was ich eingenommen habe", sagt das Mädchen. „Und ich habe ganz genau gerechnet. Eine Dame kam vorbei, die alle Äpfel kaufen wollte. Anstatt sie nach Groß und Klein zu sortieren, habe ich einen Durchschnittspreis von 4 Stück pro Dollar genommen. Und 4 passt fünfzehn Mal in sechzig. Also hat sie 15 $ gezahlt."

Wo ist der verschwundene Dollar?

LÖSUNG

Das Mädchen hatte einen „Durchschnittspreis" von einem Dollar für vier Stück errechnet, also 25 Cent das Stück. Der echte Durchschnittspreis liegt jedoch bei 27 Cent. Der Vater rechnete richtig, dass alle Äpfel zusammen 16 $ hätten kosten müssen. Geteilt durch 60, erhält man einen Preis von 26,6 Cent pro Apfel. Eine „durchschnittliche" Gruppe von vier Äpfeln besteht aus zwei großen und zwei kleinen. Große kosten 33,3 Cent (1 $ ÷ 3) und kleine 20 Cent (1 $ ÷ 5). Statt einen Dollar für vier Äpfel hätte sie 1,066 Dollar berechnen müssen.

Seine quasi-paradoxe Natur macht das Rätsel so interessant. Eine simple Geschichte, kombiniert mit elementarer Arithmetik, am Ende eine verblüffende Schlussfolgerung. Allerdings - auch nach Kenntnis der Lösung sind viele Menschen nicht glücklich mit der Erklärung und grübeln weiter über den verschwundenen Dollar.

Der verschwundene Dollar taucht auf

Das Ganze ist ein Schwindel, ein schlauer und wirklich eleganter Schwindel. Aber nicht mehr.

Das Rätsel verleitet uns dazu, die 27 $, die die Gäste gezahlt haben, zu den 2 $ in der Tasche des Kellners zu addieren, und schon wundern wir uns. Es gibt aber keinen logischen Grund, die beiden Beträge zusammenzuzählen. Die 2 $ in der Tasche des Kellners ist Teil der 27 $, die die Gäste gezahlt haben. Betrachten Sie das Ganze mal so: Die Gäste zahlten 27 $. 25 $ davon wanderten in die Restaurantkasse, zwei in die Hosentasche des Kellners. Kein Problem.

Oder so: Die drei Gäste zahlten dem Kellner 30 $. 25 $ flossen in die Kasse, der Kellner behielt 2 $ für sich und die Gäste bekamen eine Rückerstattung von 3 $. 25 $ + 2 $ + 3 $ = 30 $. Wieder kein Problem.

Kurz: Nicht ein Dollar ist verschwunden.

Reductio Ad Absurdum

In der Mathematik taucht bisweilen aufgrund fehlerhafter Argumentation scheinbar ein Paradoxon auf (S. 68-69). Ist der Fehler erst gefunden, schmilzt das Paradoxon wie Schnee in der Sonne. Aber was ist, wenn kein Fehler vorliegt? Überraschenderweise kann das eine gute Sache sein…

Wie viele Primzahlen gibt es?

Eine Primzahl ist eine Zahl, die nur zwei Teiler hat: 1 und sich selbst. So ist 7 eine Primzahl, nur teilbar durch 1 und 7, 9 nicht, weil es drei Teiler gibt: 1, 3 und 9. Die ersten 10 Primzahlen sind: 2, 3, 5, 7, 11, 13, 17, 19, 23 und 29.

Zahlen, die keine Primzahlen sind, können in ihre Primfaktoren zerlegt werden (z. B. 30 = 2 x 3 x 5). Bei Primzahlen funktioniert das nicht.

Wie viele Primzahlen gibt es überhaupt? Geht die Liste unendlich weiter? Oder gibt es eine letzte Primzahl? Auf diese Fragen scheint es beim ersten Betrachten keine Antwort zu geben. Schließlich können wir nicht alle natürlichen Zahlen darauf untersuchen, immerhin gibt es unendliche viele!

Euklid kann!

Als sich vor ungefähr 2300 Jahren der griechische Mathematiker Euklid mit der Sache befasste, schaffte er es tatsächlich, eine definitive Antwort zu finden. Seine Argumentation verlief wie folgt:

Lassen Sie uns annehmen, dass es eine endliche Anzahl Primzahlen gibt und nennen die größte p. Die komplette Auflistung der Primzahlen würde lauten:

$$2, 3, 5, 7, 11, 13 \ldots p$$

Jetzt multiplizieren wir alle diese Primzahlen, um ein Produkt zu erhalten, das wir als n bezeichnen:

$$2 \times 3 \times 5 \times 7 \times 11 \times 13 \ldots \times p = n$$

So weit, so gut. Merken Sie sich, dass jede Primzahl ein Teiler von n ist.

Kommen wir jetzt zur Zahl $n+1$. Wenn wir sie durch egal welche Primzahl teilen, werden wir einen Rest von 1 bekommen. Also hat $n+1$ keine Primfaktoren.

Der Definition nach sind aber Zahlen ohne Primfaktoren Primzahlen. Entweder ist also $n+1$ eine Primzahl oder hat Primfaktoren, die größer als p sind, womit wir nicht gerechnet haben. Auf jeden Fall ist p nicht die größte Primzahl.

Aber das ist absurd. Wir haben ein Paradoxon. Angefangen haben wir mit der

Annahme, dass es eine größte Primzahl p gibt und haben anschließend bewiesen, dass p nicht die größte Primzahl ist!

Reductio ad Absurdum

Der Widerspruch in Euklids Analyse weckt in uns den Drang, nach einem Fehler in seiner Argumentation zu suchen. Wenn wir einen finden, wird aus dem Paradoxon ein einfacher Trugschluss, was genau das ist, was in De Morgans Scherzaufgabe passiert ist, als er: wenn $x = 1$, dann $x = 0$ bewiesen hat.

Nur, dass Euklid in diesem Fall keinen Fehler gemacht hat. Wir haben hier eine Situation, in der die Annahme, dass es eine größte Primzahl gibt, unausweichlich zu dem Schluss führt, dass es eine noch größere gibt.

Da die anfängliche Annahme logischerweise in die Absurdität führt, müssen wir daraus schließen, dass die Annahme als solche nicht korrekt ist. Die Vermutung, dass es eine größte Primzahl gibt, ist schlicht und ergreifend falsch, denn es gibt unendlich viele.

Diese Art der Argumentation, bei der eine Proposition bewiesen wird, indem man zeigt, dass ihr Gegensatz zu einem Widerspruch führt, ist bekannt als „reductio ad absurdum" (lateinische für „ins Absurde ziehen").

Diese raffinierte und indirekte Beweisführung wird besonders von Mathematikern und Philosophen geliebt: Der englische Mathematiker G. H. Hardy beschrieb sie einmal als „eine der besten Waffen der Mathematik".

Paradoxien der Unendlichkeit

Das folgende Paradoxon geht auf Albert von Rickmersdorf (1316-1390) zurück, einem Philosophen und Logiker des Mittelalters.

Ein Paradoxon mit Würfeln

Stellen Sie sich eine unendlich lange Planke vor, ihr Durchmesser ist quadratisch. Wir schneiden sie in Würfel. Wie viele Würfel erhalten wir? Natürlich eine unendliche Anzahl.

Jetzt nehmen wir einen dieser Würfel und bauen einige seiner Kumpane um ihn herum auf (ähnlich wie beim Zauberwürfel). Dazu bräuchten wir 3 x 3 x 3 = 27 kleine Würfel. Dann könnten wir noch einige Würfel darum platzieren und bauen einen Würfel mit 5 x 5 x 5. 98 weitere kleine Würfel würden wir dazu brauchen.

Das könnten wir bis in alle Ewigkeit so weitermachen. Weitere 218 kleine Würfel würden aus unserem 5 x 5 x 5-Würfel einen 7 x 7 x 7-Würfel machen, 386 mehr Würfel ergäben einen 9 x 9 x 9-Würfel und so weiter.

Die Anzahl der benötigten kleinen Würfel wächst besorgniserregend. Das braucht uns nicht zu kümmern, haben wir doch einen unendlichen Nachschub. Wir könnten unsere unendlich lange Planke dafür benutzen, einen unendlich großen Würfel zu bauen!

Um sich die unglaublichen Dimensionen dieses Plans vorstellen zu können, denken Sie sich die Original-Planke als ein sehr schlankes Exemplar, sagen wir 1 x 1 mm, aber mit unendlicher Länge. Dieser schlanke Balken könnte dazu benutzt werden, einen unendlich großen dreidimensionalen Raum auszufüllen.

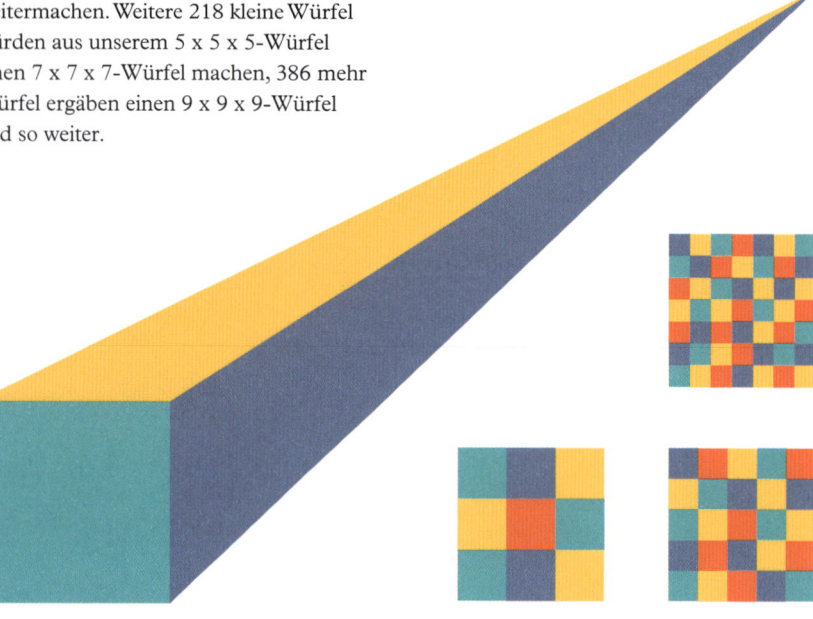

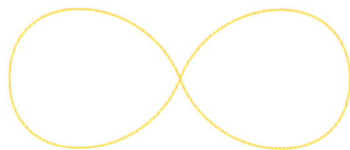

Noch mehr Verrücktheiten

Der im 9. Jahrhundert lebende arabische Mathematiker Thabit ibn Qurra wies darauf hin, dass die Unendlichkeit in zwei Hälften geteilt werden könnte, und jede dieser Hälften wäre unendlich. Zum Beispiel kann die unendlich lange Kette der natürlichen Zahlen (1, 2, 3, 4, 5, 6…) in gerade (2, 4, 6, 8…) und ungerade (1, 3, 5, 7…) aufgeteilt werden – in jeweils unendlich große Gruppen. Unendlichkeit minus Unendlichkeit scheint also… Unendlichkeit zu ergeben.

Der italienische Wissenschaftler Galileo

Galilei förderte 1638 eine andere verblüffende Eigenschaft der Unendlichkeit zutage. Eine Linie besteht aus einer unendlichen Anzahl von Punkten. Nun sind einige Linien natürlich länger als andere. Wir haben hier anscheinend etwas, das größer als die Unendlichkeit ist, denn die Unendlichkeit der Punktzahl auf einer längeren Linie ist größer als die Unendlichkeit der Punktzahl auf einer kürzeren Linie.

Weitere Beweise dafür, dass die Unendlichkeit ein seltsames Gebilde ist, gibt es auf den nachfolgenden Seiten.

HALT DEN MUND

Als mein Bruder Stephen und ich noch Kinder waren, hatten wir oft Streit miteinander. Manchmal bemühten wir uns, die brüderlichen Streitigkeiten ohne Anwendung von Gewalt beizulegen und versuchten uns im rationalen Diskurs:

Stephen: Halt den Mund!

Gary: Halt doch deinen!

Stephen: Halt ihn zweimal!

Gary: Und du dreimal!

Stephen: Halt tausend Mal deinen Mund!

Gary: Und du eine Million Mal!

Stephen: Du einmal mehr!

Gary: Halt unendlich oft deinen Mund!

Stephen: Halt den Mund, unendlich oft plus ein Mal!

Gary (triumphierend): Es gibt nichts Größeres als die Unendlichkeit!

Ich empfand das letzte Argument immer als riesigen Trumpf. Glauben Sie, ich hatte damit Recht? Lesen Sie bis zum Ende des Kapitels weiter und entscheiden Sie dann.

Das Paradoxon des Galileo

Der italienische Wissenschaftler Galileo Galilei (1564-1642) ersann dieses verblüffende Paradoxon über die Unendlichkeit. Er veröffentlichte es in seinen *„Unterredungen und mathematische Demonstrationen über zwei neue Wissenschaften"*.

Natürliche Zahlen und Quadratzahlen

Betrachten Sie einmal die Reihe natürlicher Zahlen: 1, 2, 3, 4, 5, 6, 7…

Überlegen Sie kurz und Sie werden merken, dass die Liste unendlich ist. Wie weit Sie auch zählen, Sie können immer weiter machen.

Denken Sie als nächstes an die Anzahl der Quadratzahlen. Immer, wenn Sie eine Zahl mit sich selbst multiplizieren, bekommt man eine Quadratzahl. Zum Beispiel ist 1 eine Quadratzahl, die sich aus 1 x 1 ergibt. 4 ist das Produkt aus 2 x 2, und so weiter. Der Anfang der Liste sieht so aus: 1, 4, 9, 16, 25, 36, 49…

Und wieder fällt auf, dass auch diese Liste unendlich lang ist. Aus der jeweils letzten Zahl lässt sich immer eine Quadratzahl bilden.

Welche Liste ist länger – die mit den natürlichen Zahlen oder die mit den Quadratzahlen? Vielleicht kommen Sie auf die Lösung, bevor sie weiterlesen.

Natürliche Zahlen und Quadrate

Die Reihe der natürlichen Zahlen umfasst sowohl Quadratzahlen als auch Nicht-Quadratzahlen, in der Reihe der Quadratzahlen gibt es nur Quadratzahlen. Daher sind alle Quadratzahlen in der Reihe der natürlichen Zahlen enthalten. Mathematisch ausgedrückt: Die Quadratzahlen bilden eine Teilmenge (genauer gesagt: eine echte Teilmenge) der natürlichen Zahlen. Daher muss es zwangsläufig mehr natürliche als Quadratzahlen geben. Zur Anschauung können wir die beiden Reihen untereinander schreiben:

Natürliche Zahlen:
1 2 3 4 5 6 7 8 9 10 11 12 13 14 15 16…

Quadratzahlen:
1 4 9 16…

So wird deutlich, dass die Anzahl der natürlichen Zahlen die Quadratzahlen übertrifft. Verfolgt man die Reihe weiter, werden die Abstände zwischen den Quadratzahlen immer größer. Aber es gibt auch einen anderen Blickwinkel, aus dem heraus man ein ganz anderes Ergebnis erhält. Wenn Sie sich fragen, wie viele Quadratzahlen es genau gibt, werden Sie erkennen, dass es für jede natürliche Zahl eine Quadratzahl gibt, denn jede natürliche Zahl kann mit sich selbst multipliziert werden, und ergibt so eine Quadratzahl.

Daher ist die Anzahl der natürlichen Zahlen und der Quadratzahlen gleich.

Zur Anschauung schreiben wir Reihen wieder untereinander:

Natürliche Zahlen:
1 2 3 4 5 6 7 8 9 10 11…

Quadratzahlen:
1 4 9 16 25 36 49 64 81 100 121…

Offensichtlich sind die Listen gleich lang.

Die Unendlichkeit ist eine seltsame Sache

Dies ist das Paradoxon des Galileo Galilei. Seine Argumentation deckt auf, dass es mehr natürliche Zahlen als Quadratzahlen gibt. Aber eine andere, ebenso sorgfältige Argumentation zeigt, dass es von beiden gleich viel gibt.

Galileo hat sich intensiv damit beschäftigt und kam zu dem Schluss, dass die Unendlichkeit über das menschliche Verständnis hinausgeht. Auch behauptete er, dass Attribute wie „ist gleich", „größer als" und „kleiner als" nicht sinnvoll auf unendliche Größen angewandt werden können.

FRAGEN ZUR UNENDLICHKEIT

1. Wie viele gerade Zahlen gibt es?

2. Wie viele ungerade Zahlen gibt es?

3. Gibt es mehr natürliche oder mehr gerade Zahlen?

4. Gibt es mehr gerade oder mehr ungerade Zahlen?

KOMMENTAR DES AUTOR

Es gibt unendlich viele gerade und ungerade Zahlen. Hält man sich an Galileo, sind die Fragen 3 und 4 gegenstandslos, da Mengenkonzepte wie „mehr" oder „weniger" nicht auf unendliche Zahlen angewandt werden können. Aber hat Galileo wirklich Recht? Das finden Sie am Ende des Kapitels heraus.

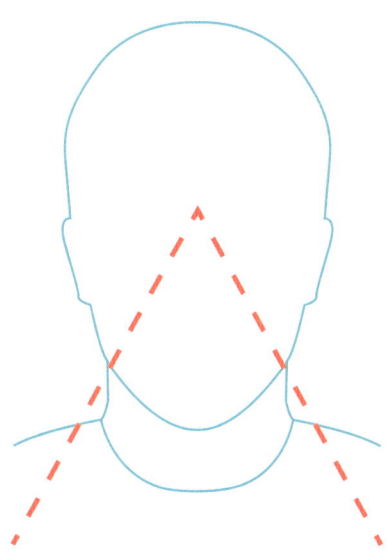

(Un)endliche Mengen

Galileos sorgfältige Analyse der natürlichen und der Quadratzahlen führte ihn zu dem gerade aufgeführten Paradoxon. Die Liste der natürlichen Zahlen enthält sowohl Quadratzahlen als auch Nicht-Quadratzahlen. Dennoch scheint es nicht mehr natürliche Zahlen als Quadratzahlen zu geben.

Diese Erkenntnis veranlasste Galileo zu der Annahme, dass die Unendlichkeit die Auffassung des menschlichen Geistes übersteigt und dass Attribute wie „größer als" und „kleiner als" nicht auf unendliche Mengen angewandt werden dürfen. Galileo begründete das so: Das Konzept der Unendlichkeit verursacht mathematische Paradoxien. Also müssen wir die Unendlichkeit aus unserem Denken verbannen. Sie in die Mathematik oder wo auch immer zu integrieren, hieße, ein Desaster hervorzurufen, so die vorherrschende Meinung der nächsten 200 Jahre.

Aber dann kam Georg Cantor, ein deutscher Mathematiker, der sich nicht damit zufrieden gab, die Unendlichkeit auszuklammern, sondern danach strebte, sie zu verstehen.

Cantor gelang, was Galilei für unmöglich gehalten hatte: Er fand eine Methode, unendliche Mengen miteinander zu vergleichen.

Mengen und ihre Größen

Mathematiker sprechen manchmal von „Mengen", wir sind ihnen bereits auf den Seiten 56-57 begegnet. Rufen wir uns ins Gedächtnis, dass eine Menge einfach eine Ansammlung von Objekten oder Elementen ist. Die Kardinalität einer Menge ist die Anzahl ihrer Elemente. Zum Beispiel ist die Kardinalität der Vokalmenge {a, e, i, o, u} in unserem Alphabet 5.

Die *Kardinalität* oder Größe von zwei endlichen Mengen lässt sich durch simples Zählen feststellen. Als Beispiel dient unsere Vokalmenge: Da es nur fünf von ihnen gibt, aber 21 Konsonanten, ist die Menge der Konsonanten größer.

Es gibt jedoch einen anderen Weg, zwei Mengen zu vergleichen, der manchmal bequemer ist. Nehmen wir an, wir möchten die Anzahl von Jungen und Mädchen vergleichen, die auf einem Schulhof spielen. Die schnellste Methode ist, die Kinder in Paaren (Junge/Mädchen, Junge/Mädchen) aufzustellen und abzuwarten, ob und welche Kinder übrig bleiben. Wenn dann Mädchen alleine stehen, ist die Menge der Mädchen augenscheinlich größer. Bleiben Jungen übrig, ist deren Menge größer. Geht die Aufstellung glatt auf, haben beide Mengen dieselbe Größe.

Zwei endliche Mengen sind also gleich groß, wenn die Anzahl ihrer Elemente übereinstimmt und kein Rest bleibt. Soviel zu endlichen Mengen. Nun zu den unendlichen Mengen!

Unendliche Kombinationen

Manchmal können die Elemente zweier unendlicher Mengen einfach miteinander kombiniert werden. Das geht bei Mengen mit geraden und ungeraden Zahlen:
Ungerade: 1 3 5 7 9 11 13 15 17…
Gerade: 2 4 6 8 10 12 14 16 18…

Die Elemente lassen sich ohne Mühe als Paare kombinieren. Das macht absolut Sinn, denn intuitiv erfassen wir, dass beide Mengen dieselbe Kardinalität haben.

Wie ist das bei den natürlichen und den Quadratzahlen? Galileo hat gezeigt, dass auch sie leicht zu Paaren zusammengestellt werden können, wenn wir es auf die richtige Art anstellen:

Natürliche Zahlen: 1 2 3 4 5 6 7…
Quadratzahlen: 1 4 9 16 25 36 49…

Das gibt Anlass zur Annahme, dass die Mengen gleich groß sind, aber intuitiv vermuten wir, dass es mehr natürliche als Quadratzahlen gibt.

Auf dieselbe Art können die natürlichen und die geraden Zahlen gegenübergestellt werden, obwohl unser Gefühl uns sagt, dass es doppelt so viele natürliche Zahlen geben müsste.

Natürliche Zahlen: 1 2 3 4 5 6 7…
Gerade Zahlen: 2 4 6 8 10 12 14…

Alle unendlichen Mengen natürlicher Zahlen (ungerade, gerade, Quadratzahlen, Potenzen und so weiter) können paarweise angeordnet werden. Das würde bedeuten, dass alle unendlichen Mengen gleich groß wären, doch das ist völlig gegen unsere Intuition und ein wirklich paradoxes Ergebnis.

Um das Paradoxon noch einmal zu verdeutlichen, sollten Sie die Paarung der natürlichen und der Quadratzahlen bedenken. Die Mengen scheinen gleich groß und doch sind die Quadratzahlen nur eine Teilmenge der natürlichen Zahlen. Wie kann dies Paradoxon vermieden werden?

Die Lösung à la Galileo ist, die Existenz von unendlichen Mengen zu leugnen. Cantor hingegen nahm den entgegengesetzten Standpunkt ein. Statt sie zu umgehen, ging er auf sie zu.

Cantor definierte eine unendliche Menge als eine, die Stück für Stück mit einer Teilmenge von sich selbst verglichen werden kann. Das bedeutet, dass eine unendliche Menge die verrückte Eigenschaft besitzt, nicht größer als ein Teil von sich selbst zu sein.

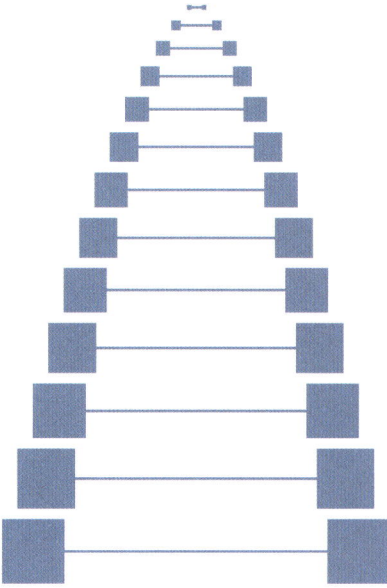

Leben

Georg Cantor

Bis in das 19. Jahrhundert hinein versuchten Mathematiker, Paradoxien zu umgehen, indem sie sich von der Unendlichkeit fernhielten. Nicht so der deutsche Mathematiker Georg Cantor (1845-1918).

Er verfügte über Genialität und die Kühnheit, sie einzusetzen. Cantor behandelte die Unendlichkeit wie jede andere mathematische Größe: als etwas, das man manipulieren, mit dem man arbeiten kann. Er erstellte eine komplette Arithmetik der Unendlichkeit.

Seine Ideen kontrovers zu nennen, wäre eine starke Untertreibung. Einige der Endlichkeit anhängende Mathematiker standen dem, was er erforschte, äußerst negativ gegenüber. Wieder andere stellten sich gegen ihn oder machten ihn lächerlich. Ihr Rädelsführer war Leopold Kronecker, ein ehemaliger Professor von Cantor, der großen Einfluss in der damaligen mathematischen Welt hatte. Kronecker war sich sicher, dass die Diskussion über unendliche Mengen nicht rechtmäßig war, da sie gar nicht existierten. „Die ganzen Zahlen hat der liebe Gott gemacht, alles andere ist Menschenwerk", bemerkte er einmal.

Zu Beginn von Cantors Laufbahn hatte Kronecker ihn noch ermutigt und unterstützt. Doch als er sich der Unendlichkeitsberechnungen zuwandte, zog Kronecker gegen ihn ins Feld. Bekannt für seine direkte Sprache, nannte er Cantor einen „Verderber der Jugend" und tat dessen Arbeit als „Humbug" ab.

Als Folge dieser Ablehnung musste Cantor viele persönliche und berufliche Rückschläge hinnehmen. Sein ganzes Berufsleben hindurch steckte er in mathematischen Hinterhöfen der Universität Halle fest, immer im Bemühen, größere Beachtung zu finden.

Cantor war von Natur aus äußerst sensibel und litt schrecklich unter Kroneckers Intrigen und Schmähungen. 1884 streckte ihn ein Nervenzusammenbruch nieder. Seine geistige Gesundheit erholte sich anschließend nicht mehr komplett. Es gab Zeiten, in denen er sich völlig von der mathematischen Forschung abwandte, um sich ganz Geschichts- und Theologiestudien hinzugeben.

Interessanterweise fanden seine Gedanken über die Unendlichkeit bei den Theologen der katholischen Kirche mehr Anklang als bei seinen Mathematiker-Kollegen. Zu verdanken war das größtenteils dem Priester Constantin Gutberlet, dem die Idee, der menschliche Intellekt könne die Unendlichkeit erfassen, gut gefiel. Er betrachtete es als einen Weg, die göttliche Natur besser zu verstehen.

Außerdem bestärkte die Existenz – mehr als die bloße Möglichkeit – von Unendlichkeit die Allmächtigkeit Gottes. Kronecker behauptete, dass Gott nur die natürlichen Zahlen geschaffen hatte. Aber wenn Gott auch der Vater der unendlichen sein sollte, wäre seine Herrlichkeit sehr viel größer.

Cantor vertiefte sich in den theologischen Aspekt seiner Arbeit mit der Unendlichkeit und genoss es, seine Gedanken mit einem

wohlwollenden Publikum zu diskutieren. Er begann, seine Theorien als Instrumente anzusehen, mit denen er Gott und der katholischen Kirche dienen konnte.

Nachdem Kronecker 1891 gestorben war, bröckelte der Widerstand gegen Cantors Ideen allmählich und sie wurden von anderen Mathematikern immer mehr angenommen. In seinem Lebensabend wurde ihm einiges von der Anerkennung zuteil, die ihm zustand. Doch fingen seine mathematischen Fähigkeiten an zu schwinden und er erlitt Phasen geistiger Instabilität. Im Januar 1918 starb er.

Heute akzeptieren nicht alle, aber die meisten Mathematiker seine Gedanken. Er wird als einer der größten Mathematiker der Geschichte gefeiert: ein genialer Pionier, der die Mengenlehre erfand und das Fundament für das mathematische Verständnis von unendlichen Mengen legte.

Ein weiterer deutscher Mathematiker, David Hilbert (S. 82-83) sagte 1926: „Aus dem Paradies, das Cantor uns geschaffen hat, wird uns niemand vertreiben können."

Hilberts Hotel

Der deutsche Mathematiker David Hilbert (1863-1943) veranschaulichte die paradoxe Natur der Unendlichkeit am verblüffenden Beispiel eines Hotels – aber eines, das sich sehr von denen unterscheidet, die man im Allgemeinen kennt.

Wenn ein normales Hotel mit einer begrenzten Anzahl Zimmer voll ist, ist es voll. Es gibt keine Möglichkeit, auch nur einen einzigen weiteren Gast zu beherbergen, ohne vorher einen anderen hinauszuwerfen. Aber ein Hotel mit unendlich vielen Zimmern ist anders. Es kann alle Anreisenden unterbringen – auch wenn es voll ist.

Hilberts Hotel sieht folgendermaßen aus: Es hat eine unendlich Anzahl an Zimmern, die fortlaufende Nummern tragen: 1, 2, 3, 4, 5… usw. Ein hoffnungsvoller Reisender kommt an und erfährt enttäuscht, dass alle Zimmer belegt sind. „Macht aber nichts", sagte der Hotelmanager. „Ich bekomme Sie mit Leichtigkeit unter." Dann bittet er alle seine Gäste, aus ihrem Zimmer in das nächste umzuziehen. Der Gast aus Zimmer 1 zieht in Zimmer 2, der aus Zimmer 2 in Zimmer 3 und so weiter.

HERAUSFORDERUNG

Jetzt sind Sie der Manager in Hilberts Hotel. Alle Zimmer sind belegt und zehn neue Gäste kommen an. Wie können sie untergebracht werden?

LÖSUNG

Verlegen Sie den Gast aus Zimmer 1 ins Zimmer 11, den Gast aus Zimmer 2 ins Zimmer 12 und so weiter.

Ursprüngliche Zimmernummer: 1 2 3 4 5 6 7…

Neue Zimmernummer: 2 3 4 5 6 7 8…

Zimmer 1 ist jetzt frei und der neue Gast kann im Hotel untergebracht werden.

Ein Problem in Hilberts Hotel

Der neue Gast ist mittlerweile gut im immer noch voll besetzten Hotel untergekommen. Dann aber steht der Manager vor einer größeren Herausforderung: Eine unendliche Anzahl neuer Gäste kommt an. „Kein Problem", sagt er nach einem kurzen Moment des Überlegens. „Ich muss alle Gäste nur ein wenig hin- und herschieben."

Dann bittet er jeden bereits bei ihm wohnenden Gast, in das Zimmer zu ziehen, deren Nummer doppelt so hoch ist wie das seines augenblicklichen Zimmers. Der Gast in Zimmer 1 zieht in Zimmer 2, der aus Zimmer 2 zieht in Zimmer 4 und so weiter.

Ursprüngliche Zimmernummer: 1 2 3 4 5 6 7…

Neue Zimmernummer: 2 4 6 8 10 12 14…

Dadurch werden die Zimmer mit ungeraden Nummern frei für die unendlich vielen neuen Gäste.

Ein noch größeres Problem im Hotel

Eine unendlich große Anzahl unendlich großer Reisegruppen möchte in Hilberts Hotel einchecken. Der belagerte Hotelmanager denkt einen Moment nach. Nach einigem Grübeln weiß er, wie er alle Neuankömmlinge unterbringen kann.

Er schickt bereits untergekommenen Gäste in Zimmer, die Potenzen der niedrigsten Primzahl (2) sind: Die Reihe ist 2, 4, 8, 16, 32… Dann steckt er die erste Reisegruppe in die Zimmernummern, die Potenzen der nächsten Primzahl (3) sind: 3, 9, 27, 81, 243…

Die zweite Reisegruppe bekommt die Zimmernummern, die Vielfaches der nachfolgenden Primzahl (5) sind: 5, 25, 12, 625, 3125…

So macht er weiter. Jede Reisegruppe erhält Zimmernummern, die Potenzen der nächsten Primzahl sind. Da es eine unendliche Anzahl Primzahlen gibt (S. 72-73), kann eine unendliche Anzahl unendlicher großer Reisegruppen auf diese Weise untergebracht werden.

Bei dieser Raumzuteilung des Managers bleiben viele Zimmer unbesetzt, so dass man sie nicht wirklich effizient nennen kann. Aber wenigstens gibt es jede Menge Platz für neue Gäste!

NOCH EINE HERAUSFORDERUNG

Ihre Fähigkeiten als Hotelmanager werden noch weiter herausgefordert: Zwei unendlich große Reisegruppen reisen an. Wie verteilen Sie die doppelte Unendlichkeit auf die Zimmer?

LÖSUNG

Verlegen Sie die vorhandenen Gäste in Zimmer, die das Dreifache ihrer aktuellen Zimmernummer betragen: 3, 6, 9, 12, 15…3n… und so weiter. Eine der unendlich großen Reisegruppen kann die Zimmernummern 1, 4, 7, 10, 13…3n-2… und so weiter belegen. Die andere kann 2, 5, 8, 11, 14…3n-1… und so weiter bewohnen.

Größere Unendlichkeiten: Teil 1

Cantors Lehrsatz besagt, dass zwei unendliche Mengen über dieselbe Kardinalität verfügen, wenn sich ihre Elemente paarweise aufteilen lassen.

Brüche zählen

Alle unendlichen Mengen mit ganzen Zahlen können paarweise verglichen werden und besitzen daher dieselbe Kardinalität. Aber wie sieht das bei Brüchen aus?

Denken Sie an die unendliche Menge der rationalen Zahlen (Brüche, die dadurch gebildet werden, dass eine ganze Zahl durch eine andere geteilt wird): Kaum zu glauben, dass diese paarweise mit natürlichen Zahlen angeordnet werden können, da wir zwischen zwei ganze Zahlen so viele Brüche zwängen können, wie wir nur wollen.

Cantor allerdings fand den Beweis, dass es doch möglich ist. Der Trick besteht darin, die richtige Art der Auflistung der rationalen Zahlen zu finden, so dass keine ausgelassen wird. Das hat er so gemacht:

$\frac{1}{1}$

$\frac{2}{1}$, $\frac{1}{2}$

$\frac{3}{1}$, $\frac{2}{2}$, $\frac{1}{3}$

$\frac{4}{1}$, $\frac{3}{2}$, $\frac{2}{3}$, $\frac{1}{4}$

$\frac{5}{1}$, $\frac{4}{2}$, $\frac{3}{3}$, $\frac{2}{4}$, $\frac{1}{5}$

$\frac{6}{1}$, $\frac{5}{2}$, $\frac{4}{3}$, $\frac{3}{4}$, $\frac{2}{5}$, $\frac{1}{6}$

$\frac{7}{1}$, $\frac{6}{2}$, … und so weiter.

HERAUSFORDERUNG NR. 1

Beweisen Sie, dass die Menge der natürlichen Zahlen dieselbe Kardinalität wie die Menge der geraden Zahlen besitzt, indem Sie ihre Elemente 1:1 gegenüberstellen.

LÖSUNG

Natürliche: 1 2 3 4 5 6 7 8…

Gerade Zahlen: 2 4 6 8 10 12 14 16…

HERAUSFORDERUNG NR. 2

Jetzt machen Sie das gleiche für die natürlichen Zahlen und die ganzen Zahlen, die größer als 1 sind.

LÖSUNG

Natürliche: 1 2 3 4 5 6 7 8…

Ganze Zahlen >1: 2 3 4 5 6 7 8 9…

Das erklärt auch, warum es immer ein freies Zimmer für einen neuen Gast in Hilberts Hotel gibt (S.82–83).

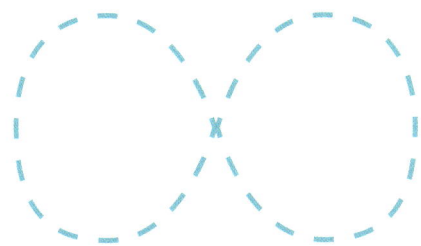

Eine simple, aber dennoch elegante Methode. In der ersten Zeile stehen die Brüche, deren Nenner und Zähler zusammen zwei ergeben (1+1). In der zweiten Reihe stehen die Brüche, deren Nenner und Zähler sich zu drei addieren (2+1, 2+1). In der dritten Reihe ist die Summe immer 4 (3+1, 2+2, 1+3) und so weiter.

Jetzt ist es denkbar leicht, die Brüche mit den natürlichen Zahlen paarweise aufzustellen. Arbeiten Sie sich einfach Zeile um Zeile durch die rationalen Zahlen:

Natürliche Zahlen: 1 2 3 4 5

Rationale Zahlen: $\frac{1}{1}$ $\frac{2}{1}$ $\frac{1}{2}$ $\frac{3}{1}$ $\frac{2}{2}$

Die Dopplungen (z.B. $\frac{1}{1} = \frac{2}{2}$) brauchen uns nicht zu kümmern. Wenn wir wollen, können wir sie einfach überspringen.

Am Ende stellt sich heraus, dass die Mengen entgegen unseren Erwartungen genau gleich groß sind.

Zählbare Unendlichkeit

Es wird Zeit für eine Definition: Eine unendliche Menge, deren Elemente paarweise mit natürlichen Zahlen aufgestellt werden kann, wird abzählbar oder ganz einfach zählbar genannt. Alle unendlichen Mengen, mit denen wir uns bisher beschäftigt haben, einschließlich der Brüche, haben sich als zählbar herausgestellt.

Sind dann also alle unendlichen Mengen zählbar? Oder gibt es möglicherweise auch nicht-zählbare, und somit größere Unendlichkeiten? Blättern Sie eine Seite weiter. Dann finden Sie es heraus!

HERAUSFORDERUNG NR. 3

Wir haben bereits gesehen, dass es eine einfache Angelegenheit ist, gerade und ungerade Zahlen paarweise aufzustellen (S. 78-79). Das gleiche gilt für die natürlichen und die Quadratzahlen. Aber es geht auch schwieriger: Versuchen Sie, zu zeigen, dass die natürlichen Zahlen (1, 2, 3, 4, 5...) paarweise mit einer Menge verglichen werden können, die aus positiven und negativen ganzen Zahlen sowie Null zusammengestellt ist (...-3, -2, -1, 0, 1, 2, 3...).

LÖSUNG

Der Trick besteht darin, bei Null zu beginnen und dann vor- und zurückzupendeln:

Natürliche Zahlen: 1 2 3 4 5 6 7 8...
-ve, 0, +ve: 0 1 −1 2 −2 3 −3 4...

Glückwunsch, wenn Sie es selbst geschafft haben – Sie haben Talent!

Größere Unendlichkeiten: Teil 2

Nachdem Cantor bewiesen hatte, dass die Unendlichkeit der Brüche zählbar ist, wandte er seine Aufmerksamkeit den Dezimalzahlen zu. Die Menge der Dezimalzahlen umfasst nicht nur die rationalen, sondern auch die irrationalen Zahlen (diese können nicht durch Brüche dargestellt werden). Viele Dezimalzahlen sind endlos.

Nach langen Forschungen fand Cantor einen brillanten Beweis dafür, dass Dezimalzahlen tatsächlich nicht zählbar sind. Erreicht hat er das unter Zuhilfenahme der Reductio ad Absurdum (S. 72-73).

Das ist Cantors Methode: Gehen Sie davon aus, dass die Dezimalzahlen zählbar sind, das heißt, sie lassen sich paarweise mit der Unendlichkeit der natürlichen Zahlen aufstellen. Zum Beispiel so:

1	0.54354349…
2	0.84920018…
3	0.68872574…
4	0.58823161…
…	…und so weiter, endlos

Nur die ersten acht Stellen jeder Dezimalzahl sind sichtbar, die Reihenfolge ist zufällig. Wichtig ist der Umstand, dass die Dezimalzahlen paarweise den natürlichen Zahlen gegenübergestellt werden, so dass keine Dezimalzahlen ausgelassen werden. Die Reihe umfasst ausnahmslos alle.

Jetzt zum schlauen Teil der Sache: Es ist nun möglich, eine neue Dezimalzahl zu konstruieren, die nicht in dieser Reihe enthalten ist.

Fangen Sie mit der ersten Stelle hinterm Komma an, die sich von der ersten Dezimalstelle in der Reihe unterscheiden muss (zum Beispiel statt einer 5 nehmen Sie eine 6). Dann wählen Sie für die zweite Dezimalstelle eine Zahl, die anders ist als die zweite Stelle der zweiten Dezimalzahl (beispielsweise eine 5 statt einer 4). Und so weiter und so weiter. So entsteht eine nie endende Dezimalzahl, die sich von jeder Zahl in der Reihe in mindestens einer Stelle unterscheidet.

Hier stoßen wir auf den Widerspruch. Unsere ursprüngliche Annahme lautete, dass die Reihe alle Dezimalzahlen umfassen sollte. Dann aber haben wir eine neue geschaffen! Mit unserer Annahme lagen wir also falsch und kommen zu dem Schluss, dass Dezimal- und natürliche Zahlen nicht paarweise aufgestellt werden können. Dezimalstellen sind nicht zählbar.

Größere Unendlichkeiten

Das ist erstaunlich. Geradezu paradox. Unsere Intuition sagt uns, dass nichts größer ist als die Unendlichkeit. Aber Cantor hat bewiesen, dass die Unendlichkeit der Dezimalzahlen größer ist als die der natürlichen Zahlen. Und tatsächlich stellen sie eine höhere Ordnung Unendlichkeit dar, unendlich viel größer, als jede zählbare Unendlichkeit.

Immer größere Unendlichkeiten

Und das ist noch lange nicht alles. Cantor hat eine sogar noch größere Unendlichkeit nachgewiesen, die nicht mit der unendlichen Menge der Dezimalzahlen verglichen werden kann. Darüber hinaus gibt es Unendlichkeiten, deren Größe wiederum diese Unendlichkeit übertrifft und so weiter, endlos weiter.

Um nachzuvollziehen, wie das funktioniert, fangen wir mit einer endlichen Menge mit nur drei Elementen, {Marianne, Alexandra, Christiane}, an und überlegen, wie viele Teilmengen sie hat.

Schnell kommen wir auf acht Teilmengen: die leere Menge {Ø}, die Menge selbst {Marianne, Alexandra, Christiane}, alle möglichen Paarungen {Marianne, Alexandra}, {Marianne, Christiane}, {Alexandra, Christiane}, außerdem alle Einzelmengen {Marianne}, {Alexandra} und {Christiane}. Aus einer Menge mit drei Elementen können wir eine größere „Potenzmenge" (die Menge der Teilmengen unserer Menge) mit acht Elementen bilden. Für jede Menge, ob endlich oder unendlich, können wir immer eine Potenzmenge bilden, die größer ist als sie selbst. Auf diese Weise konstruierte Cantor seine nie endende Hierarchie der Unendlichkeiten. Ganz unten finden wir die zählbaren Unendlichkeiten (z. B. die natürlichen Zahlen), dann kommen die Dezimalzahlen usw.

Cantors Paradoxon

Für jede Menge gibt es eine Potenzmenge, die größer ist als die Menge selbst. Das aber führt zu einem Paradoxon, wenn man die Allmenge betrachtet: die Menge aller Mengen.

Die Allmenge sollte natürlich die größte aller Mengen sein. Dennoch ist ihre Potenzmenge sogar noch größer. Also müsste die Allmenge gleichzeitig die größte und die nicht-größte Menge von allen sein. Daher kann es eine Allmenge nicht geben.

Übung 4

Das Richardsche Paradox

DAS PROBLEM :

Cantors Diagonalargument findet sich in vielen berühmten Paradoxien wieder. Sie sind ihm bereits in dem Beweis begegnet, dass es unzählbar viele „reelle Zahlen" („Dezimalzahlen", wie auf S. 84 „Größere Unendlichkeiten" definiert). Versuchen Sie, die Diagonalmethode anzuwenden, um das Paradoxon bezüglich reeller Zahlen zu beweisen, bekannt als *Richardsches Paradoxon*: Die Menge der reellen Zahlen, die durch endlich viele Worte definiert wird, ist sowohl zählbar als auch nicht zählbar.

DIE METHODE:

Zeigen Sie zuerst, dass die Menge zählbar ist, indem Sie eine Aufzählung oder unendliche Auflistung aller endlich langen Definitionen von reellen Zahlen erstellen.

Beginnen Sie mit einigen Definitionen. Die Menge der reellen Zahlen ist die Menge aller rationalen und irrationalen Zahlen. Rationale Zahlen lassen sich als Brüche darstellen, irrationale sind endliche Zahlen, bei denen das nicht funktioniert. Denken Sie an pi=π=3.1415926…, das keinem Bruch oder Verhältnis zwischen zwei ganzen Zahlen gleicht.

Mit seinem berühmten Diagonalargument konnte Cantor beweisen, dass die Menge der reellen Zahlen (im Gegensatz zu der Menge aller Brüche) unzählbar oder überabzählbar ist, was nichts anderes

aussagt, als dass sie nicht paarweise mit der Menge der ganzen Zahlen $\{1, 2, 3, …\}$ aufgestellt werden kann. Die Menge der reellen Zahlen ist daher größer als jede zählbare, unendliche (oder abzählbare) Menge.

Um dieses Rätsel zu lösen, müssen Sie das Konzept „mit endlich vielen Worten definierbar" spezifizieren. Wir gehen dabei von der deutschen Sprache aus und dem deutschen Alphabet. Jegliche Definition im Deutschen wird aus einer endlichen Anzahl Wörter gebildet. Sätze mit derselben Anzahl Wörter können in alphabetische Reihenfolge gesetzt werden. Zum Beispiel könnten alle Ein-Wort-Definitionen von reellen Zahlen alphabetisch in einer Rubrik aufgelistet werden, alle Zwei-Wort-Definitionen in der Rubrik danach, daneben dann die Drei-Wort-Definitionen und so weiter.

Schon zeigt sich, dass die Menge FR={Menge der reellen Zahlen, die durch endlich viele deutsche Worte definiert wird} zwar unendlich, dennoch zählbar ist. Tipp: Benutzen Sie eine Tabellenmethode ähnlich wie bei dem Beweis der Zählbarkeit der Menge der Brüche, die genauso als unendliche Tabelle wie die gerade beschriebene aussehen kann – siehe S. 84 *Größere Unendlichkeiten*). Die Lösung finden Sie unter (1) weiter unten.

Schwieriger ist es, das Gegenteil zu beweisen. Nach dem Beweis, dass alle endlich langen Definitionen in der Aufzählung enthalten sind, wenden Sie nun die Diagonalmethode an, um eine endlich lange Definition einer reellen Zahl zu konstruieren, die nicht auf ihrer Liste steht. Nehmen wir an, Ihre Aufzählung der endlich langen Definitionen hat eine Definitionsliste der reellen Zahlen erbracht:

$$D_1, D_2, D_3, ..., D_n,...$$

Jede dieser Definitionen mit nur endlich vielen Worten definiert eine reelle Zahl:

$$r_1, r_2, r_3, ..., r_n,...$$

Jede dieser reellen Zahlen kann als unendliche Dezimalentwicklung dargestellt werden. Bedenken Sie jetzt, dass jede reelle Zahl R_k auf dieser Liste auf der k-ten Stelle nach dem Komma eine ganze Zahl n hat (wo $0 \pi n \pi 9$. Wenden Sie Cantors Diagonalmethode und endlich viele Worte an, um die reelle Zahl RR (= Richardsche reelle Zahl) zu definieren (die unendliche Dezimalentwicklung), die nicht identisch ist mit irgendeiner der reellen Zahlen, die oben aufgelistet sind.

Tipp: Legen Sie die k-te Dezimalstelle von RR so fest, dass $RR \neq r_k$ gilt für jedes k.

DIE LÖSUNG:

(1) FR ist abzählbar oder zählbar unendlich.

Um das zu beweisen, reicht es, alle endlich langen Definitionen aufzulisten. Ausgangspunkt ist die unendliche Anordnung alphabetischer Rubriken. Beschreiben Sie, angefangen mit den Definitionen D_1, D_2, D_3, ... D_n,... die Zick-Zack-Bewegung durch die Tabelle, also:

1	2	6	7	...
3	5	8	14	
4	9	13		
10	12			
11				

(2) FR ist überabzählbar oder nicht zählbar unendlich.

Es reicht aus, RR wie folgt zu definieren:
Die k-te Dezimalstelle von RR = $n+1$ sein, wobei n die Zahl die in der k-ten Dezimalstelle von r_k ist, gilt für jedes k, außer wenn $n = 9$, dann soll die k-te Dezimalstelle von RR = 0 sein.

Daraus folgt, dass $RR \neq r_k$ ist, gültig für jedes k, weil es sich in der k-ten Dezimalstelle von r_k unterscheidet. Die obenstehende Definition könnte in einen endlich langen deutschen Satz gebracht werden, so muss es heißen: D_j, für vorkommende j. Hieraus ergibt sich der offensichtliche Widerspruch:

$$rj = RR \neq rj.$$

Das Paradoxon wurde nach seinem Entdecker Jules Richard benannt.

Kapitel 5

Wahrscheinlichkeitsparadoxien

Vermutlich haben auch Sie schon mal einen statistischen Argumentationsfehler gemacht. In diesem Kapitel besprechen wir häufig vorkommende Denkfehler, die uns bei einer Wahrscheinlichkeitsberechnung unterlaufen. Danach gehen wir noch einen Schritt weiter. Wir werfen Würfel, spekulieren munter drauflos und schließen zur Not kosmische Wetten ab, in der Hoffnung, der Wahrscheinlichkeit näher zu kommen und ihr elegant ein Schnippchen zu schlagen.

Der Zockerfehler

Viele Paradoxien in diesem Kapitel hängen mit der Wahrscheinlichkeitsberechnung zusammen. Darum gehen wir zunächst kurz auf die Mathematik ein, die dem zu Grunde liegt.

Wahrscheinlichkeiten werden mit einer Zahl zwischen 0 und 1 angegeben. Sie gibt an, wie wahrscheinlich ein Ereignis ist. Ereignisse mit der Wahrscheinlichkeit – jeden Morgen geht die Sonne auf – werden mit einer 1 angegeben. Eher Unwahrscheinliches – mit einem normalen Würfel eine 7 werfen – wird mit einer 0 angegeben. Mögliche Ereignisse – Kopf oder Zahl – haben eine Wahrscheinlichkeit von 0,5. Wahrscheinlichkeiten können auch in Bruchzahlen oder Prozent angegeben werden. Natürlich können wir nicht zu 100 % wissen, ob morgen die Sonne aufgeht (siehe „Das Induktionsproblem", S. 21). Diese philosophische Betrachtung lassen wir in diesem Kapitel jedoch außer Acht.

Zwecks Wahrscheinlichkeitsberechnung teilen wir die Anzahl der Art und Weise, in der ein Ereignis eintreten kann durch die Anzahl der möglichen Ergebnisse. Dabei sind alle Ergebnisse gleich wahrscheinlich. Wie groß ist die Wahrscheinlichkeit, mit einem Würfel eine 4 zu werfen? Auf einem Würfel stehen sechs Zahlen. Sie können alle sechs fallen. Mit einer Wahrscheinlichkeit von 1:6 bzw. 0,16. Wie hoch ist die Wahrscheinlichkeit, eine gerade Zahl zu werfen? Von den sechs Zahlen sind drei gerade (2, 4, 6). Die Wahrscheinlichkeit liegt demnach bei 3:6 bzw. 1:2 oder 0,5 bzw. 50 %.

BLITZ UND DONNER

Die Wahrscheinlichkeit, in einem Jahr vom Blitz getroffen zu werden, liegt bei 1:650 000. Wenn Elektra im Jahr 2013 vom Blitz getroffen wird, wie hoch ist die Wahrscheinlichkeit, dass sie auch 2014 getroffen wird?

LÖSUNG

Blitzeinschläge sind voneinander unabhängige Ereignisse mit einer Wahrscheinlichkeit von 1:650 000. Wen der Blitz in diesem Jahr trifft, den kann es auch im kommenden Jahr ereilen. Vorausgesetzt natürlich, man überlebt den ersten Blitzschlag!

Der Zockerfehler

Es ist ein beliebtes Missverständnis, dass willkürliche Ereignisse sich irgendwann ins Gegenteil kehren. Fällt beim Roulette zehn Mal die Farbe Rot, gehen Spieler davon aus, dass die nächsten Runden auf Schwarz fallen. Das gleiche passiert beim Münzwurf. Ist sieben Mal der Kopf gefallen, denken viele Menschen, dass der nächste Wurf auf der Zahl enden muss, damit das Gleichgewicht wieder hergestellt wird.

Dieses Missverständnis bezeichnet man als Zockerfehler, denn in Wahrheit ist die Wahrscheinlichkeit, dass eine Münze auf Kopf oder Zahl fällt bei jedem Wurf jeweils gleich (0,5) – unabhängig davon, worauf sie die Male davor gefallen ist. Die einzelnen Würfe sind voneinander unabhängige Ereignisse und haben somit gar keinen Einfluss aufeinander.

ZWEI MAL ASS

Ein Kartenspiel besteht – abgesehen von Jokern – aus 52 Spielkarten. Vier davon sind Asse. Die Wahrscheinlichkeit ein Ass zu ziehen, liegt bei, 4:52 bzw. 1:13. Doc Holliday mischt die Karten und zieht eine willkürliche Karte heraus. Pik-Ass! Er legt die Karte auf den Tisch, mischt den Rest der Karten und zieht wieder eine Karte. Wie wahrscheinlich ist es, dass es wieder ein Ass ist?

LÖSUNG

Hätte Doc Holliday das Pik-Ass vor dem Mischen wieder ins Spiel zurückgeschoben, wäre die Wahrscheinlichkeit noch immer 1:13. Dass er beim ersten Mal ein Ass gezogen hat, beeinflusst nicht die Wahrscheinlichkeit, erneut ein Ass zu ziehen. Doc Holliday nimmt das Pik-Ass aus dem Spiel, bevor er die Karten erneut mischt. Dann befinden sich zwischen den restlichen 51 Karten noch drei Asse. Die Wahrscheinlichkeit eins zu ziehen liegt dann bei 3:51 bzw. 1:17. In diesem Fall ist das Ziehen der ersten und zweiten Karte kein unabhängiges Ereignis.

Madchen und Jungen

Dieses Rätsel zeigt, wie schnell man bei Schätzungen oder Wahrscheinlichkeitsberechnungen auf dem Holzweg landen kann.

Familie Meier

Familie Meier hat zwei Kinder. Mindestens eins davon ist ein Mädchen. Wie hoch ist die Wahrscheinlichkeit, dass das andere Kind ebenfalls ein Mädchen ist?

Da dieses Buch von Wahrscheinlichkeiten handelt, sind Sie vermutlich schon auf der Hut. Aber keine Angst, dies ist keine Fangfrage. Das unbekannte Kind ist ein Junge oder ein Mädchen (und kein Hermaphrodit) und Sie können davon ausgehen, dass beide Geschlechter gleich häufig vorkommen. Wie hoch ist also die Wahrscheinlichkeit, dass das andere Kind ein Mädchen ist?

Es scheint fast selbstverständlich zu sein, dass die Wahrscheinlichkeit gleich hoch ist. Die Wahrscheinlichkeit, dass ein Kind ein Mädchen ist, liegt nämlich bei 50 %. Wie kann das Geschlecht des anderen Kindes darauf Einfluss haben? Leider stimmt die „selbstverständliche Antwort"

in diesem Fall nicht. Die Wahrscheinlichkeit liegt bei ⅓. Bei der Berechnung des Geschlechts von zwei Kindern müssen wir vier mögliche Kombinationen berücksichtigen: zwei Jungen, zwei Mädchen, das erste Kind ist ein Junge, das zweite ein Mädchen oder das erste Kind ist ein Mädchen und das zweite ein Junge. Kurz: JJ, MM, JM oder MJ.

Wir wissen, dass ein Kind der Familie ein Mädchen ist. Möglichkeit JJ entfällt. Dann bleiben drei gleich wahrscheinliche Alternativen: MM, JM und MJ. Nur eine davon würde bedeuten, dass Familie Meier zwei Mädchen hat. Die Wahrscheinlichkeit liegt somit bei ⅓.

Dies ist in dem Sinne ein Paradoxon, als dass es unserer Intuition widerspricht. Es zeigt, wie fehlbar sie bei der Einschätzung oder Wahrscheinlichkeitsberechnung selbst in sehr einfachen Situationen sein kann.

KOPF ODER ZAHL

Ein Zocker wirft 3 Münzen. Zwei landen auf „Kopf". Wie wahrscheinlich ist es, dass die dritte auf „Kopf" fällt?

LÖSUNG

Widerstehen Sie der Versuchung sofort „50 %" zu sagen. Schreiben Sie alle 8 möglichen Kombinationen für die drei Würfe auf:

KKK, KKZ, KZK, KZZ, ZKK, ZKZ, ZZK und ZZZ.

Vier Kombinationen haben zwei oder drei Mal „Kopf": KKK, KKZ, KZK und ZKK. Nur eine dieser Möglichkeiten hat den zusätzlichen vierten „Kopf". Die Wahrscheinlichkeit liegt somit bei ¼.

Familie Müller

Dies ist eine vergleichbare Situation. Familie Müller hat zwei Kinder. Das älteste Kind ist ein Mädchen. Wie hoch ist die Wahrscheinlichkeit, dass das zweite Kind auch ein Mädchen ist?

Hoffentlich sind Sie nicht sofort in die Falle getappt. Denn die richtige Antwort lautet: 50 %.

Es gibt auch hier vier Kombinationen: JJ, MM, JM und MJ. Da wir wissen, dass das älteste Kind ein Mädchen ist, können wir dieses Mal zwei Kombinationen ausschließen: JJ und JM.

Es bleiben die Optionen MM und MJ übrig. Nur bei einer davon ist das jüngste Kind ein Mädchen. Die Wahrscheinlichkeit liegt somit bei ½ bzw. 0,5.

Dieses Rätsel unterscheidet sich aufgrund der zusätzlichen Informationen wesentlich von dem vorigen Rätsel. Wir wissen nicht nur, dass eins der Kinder ein Mädchen ist, sondern auch noch, dass es das älteste Kind ist.

Zwei Geburtstagskinder

Wie wahrscheinlich ist es, dass zwei zufällige Menschen den gleichen Geburtstag haben?

Dies ist eine simple Aufgabe mit einer simplen Lösung. Nehmen wir an, jemand hat am 15. März Geburtstag. Ein Jahr hat 365 Tage, und nur einer davon ist der 15. März. Die Wahrscheinlichkeit, dass eine zweite Person dann ebenfalls Geburtstag hat, liegt bei $\frac{1}{365}$ (etwa 0,003). Der Einfachheit halber haben wir bei dieser Berechnung Schaltjahre außer Acht gelassen.

Das Geburtstagsrätsel

Das Geburtstagsrätsel ist eine interessante Sache. Wie groß muss eine Gruppe von Leuten sein, bis die Wahrscheinlichkeit, dass zwei Menschen am gleichen Geburtstag haben 50 % oder höher ist? Denken Sie erst gut nach, bevor Sie weiterlesen.

Da das Jahr 365 Tage hat, an dem jemand Geburtstag haben kann, denken die meisten Menschen, man braucht eine sehr große Gruppe, um zwei Geburtstagskinder mit dem gleichen Datum zu finden. Die Antwort meiner Familie und Freunde zur Gruppengröße variierte zwischen 180 und 366 Personen.

Berechnungen haben jedoch ergeben, dass es lediglich 23 sind. Das sind so erstaunlich wenig Menschen, dass viele Leute sich weigern, das zu glauben. Wir nehmen die Berechnung gleich unter die Lupe. Zunächst einige rechnerische Hintergrundinformationen:

Kombi-Wahrscheinlichkeit

Beim Münzenwerfen gibt es nur zwei Möglichkeiten: Kopf oder Zahl. Die Wahrscheinlichkeit ist jeweils 50 %. Wie sieht's jedoch aus, wenn die gleiche Münze zwei Mal oder zwei Münzen zugleich geworfen werden? Wie wahrscheinlich ist es, dass beide Münzen auf dem „Kopf" landen?

Beide Würfe sind voneinander unabhängige Ereignisse: Das eine hat keinen Einfluss auf das andere. In solchen Fällen berechnen wir mit Multiplikation eine Kombi-Wahrscheinlichkeit: Die Wahrscheinlichkeit von zwei Mal hintereinander „Kopf" liegt bei ½ x ½ = ¼. Drei Mal „Kopf": ½ x ½ x ½ = ⅛, usw.

Ein weiteres Beispiel: Wir werfen einen Würfel und eine Münze. Wie wahrscheinlich ist es, eine 6 zu würfeln und die Münze auf „Kopf" fallen zu lassen? Wir rechnen dies aus, indem wir die Wahrscheinlichkeit eine 6 zu würfeln mit der Wahrscheinlichkeit auf „Kopf" multiplizieren: ⅙ × 1½ = ¹⁄₁₂.

Das Geburtstagsrätsel: Berechnung

Wir haben jetzt genügend Hintergrundinformationen, um das Geburtstagsrätsel zu ergründen. Selbstredend ist in einer „Gruppe" von 1 Person die Wahrscheinlichkeit des gleichen Geburtstags gleich 0. In einer Gruppe von 366 Menschen hingegen ist es sicher, dass zwei von ihnen am gleichen Tag geboren sind.

Wie groß muss eine Gruppe sein, bis die Wahrscheinlichkeit, dass zwei Menschen am gleichen Tag Geburtstag haben 50 % oder mehr beträgt? Wir stellen zunächst eine ähnliche Frage: Wie hoch ist die Wahrscheinlichkeit, dass Mitglieder einer Gruppe *nicht* den gleichen Geburtstag haben? Bei einer Gruppe von zwei Personen kann die erste Person an jedem Tag des Jahres Geburtstag haben. Wenn zwei Geburtstage jedoch nicht zusammenfallen dürfen, muss die andere Person an einem der restlichen 364 Tage geboren sein. Die Wahrscheinlichkeit des gleichen Geburtstags beträgt $\frac{364}{365}$.

Kommt eine dritte Person hinzu, bleiben 363 Tage über. Dann liegt die Wahrscheinlichkeit bei $\frac{363}{365}$, dass ihr Geburtstag auf ein anderes Datum fällt. Bei einer vierten Person ist das Verhältnis $\frac{362}{365}$, bei einer fünften Person $\frac{361}{365}$, usw. Die Kombi-Wahrscheinlichkeit, dass in einer Gruppe fünf Personen nicht am gleichen Tag geboren sind, ist $(\frac{364}{365})$ x $(\frac{363}{365})$ x $(\frac{362}{365})$ x $(\frac{361}{365})$ = etwa 0,973.

Wenn Sie die gleiche Berechnung für 23 Personen anstellen, liegt die Wahrscheinlichkeit bei etwa 0,492. Die Wahrscheinlichkeit, dass zwei Personen am gleichen Tag Geburtstag haben, liegt demzufolge bei 1 – 0,492 = 0,508. Ab 23 Personen liegt die Wahrscheinlichkeit eines gleichen Geburtstags von zwei Personen bei 50 %.

Das Geburtstagsparadoxon
Dieses Problem wird auch als Geburtstagsparadoxon bezeichnet. Jedoch ist es nur deshalb ein Paradoxon, weil das Ergebnis nicht mit unserem gesunden Verstand übereinstimmt. Es zeigt einmal mehr, wie fehlbar unsere Intuition bei der Wahrscheinlichkeitsberechnung ist.

Das Problem mit den drei Türen: Teil 1

Es gibt nur wenige Rätsel, die so viel Entrüstung und Unglauben hervorrufen und Kopfzerbrechen bereiten wie dieses. Ich begegnete ihm zum ersten Mal in Mark Haddons Bestseller *Supergute Tage oder Die sonderbare Welt des Christopher Boone* aus dem Jahr 2003.

Ich habe tagelang darüber nachgedacht, denn obwohl der Autor die richtige Lösung und eine fehlerfreie mathematische Berechnung präsentierte, fand ich das Ganze völlig unlogisch!

Als ich in der Badewanne lag, begann es mir irgendwann zu dämmern. Ich konnte mich noch so gerade eben zurückhalten, wie ein Irrer nackt durch die Straßen zu laufen. Viel hat nicht gefehlt. Wenn Sie dieses Rätsel bisher nicht kennen und nicht an Ihrem gesunden Verstand zweifeln möchten, sollten Sie vielleicht besser weiterblättern bis S. 102.

Autos und Ziegen

Nehmen wir mal an, Sie gewinnen eine spannende Spielshow. Im Finale müssen Sie sich zwischen drei Türen entscheiden. Was hinter der Tür steht, dürfen Sie behalten. Hinter Tür 1 steht ein nagelneues Auto, hinter Tür 2 und 3 eine Ziege.

Sie treffen Ihre Entscheidung. Dann muss der Präsentator gemäß den Spielregeln eine der beiden anderen Türen öffnen und eine Ziege enthüllen. Das tut er und gibt Ihnen die Möglichkeit, die gewählte Tür gegen die andere Tür einzutauschen.

Sollten Sie bei der gewählten Tür bleiben oder besser die andere nehmen? Macht das überhaupt irgendetwas aus?

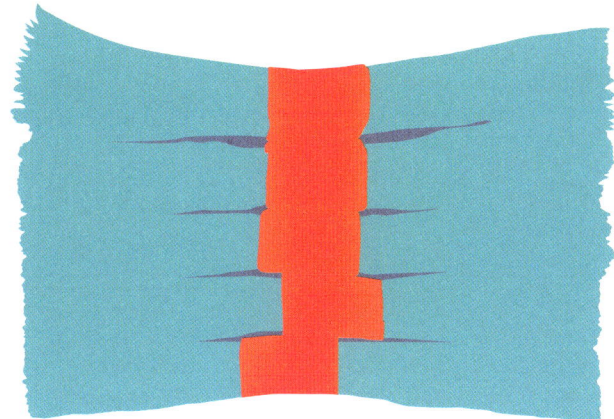

Der Gesamt-Erwartungswert des Spiels beträgt: 0,5 + 0,5 + 0,5 +…+ 0,5… Euro. Mit anderen Worten: Der Erwartungswert ist unendlich.

Was ist ein angemessener Einsatz bei einem unendlichen Erwartungswert? Logischerweise würde man sagen: egal welcher Betrag. Und doch würden Sie vermutlich zögern, € 100,- einzusetzen.

Lösung des Paradoxons

Das St.-Petersburg-Paradoxon ist ein echtes Paradoxon, da die widersprüchliche Schlussfolgerung aus einer logischen Argumentation gezogen wird: Das Spiel hat einen unendlichen Erwartungswert, ohne dass man viel Geld darauf verwetten würde. Es gibt keine eindeutige Lösung. Nachstehend finden Sie die gebräuchlichsten Antworten. Welche bevorzugen Sie?

1. Geld ist endlich. Der Erwartungswert des Spiels ist unendlich. In der Welt ist jedoch eine endliche Menge an Geld im Umlauf. Damit ist der Erwartungswert des Spiels ebenfalls endlich.

2. Rückläufige Mehrerlöse: Die Verdoppelung eines Geldpreises verdoppelt nicht seinen Nutzen. Toll, dass Sie 10 Milliarden Euro gewinnen oder auch 20 Milliarden, aber es ist nicht doppelt so toll. Der wirkliche Nutzen von Geld unterliegt dem Gesetz der rückläufigen Mehrerlöse. Auch wenn sich der Geldpreis mit jeder „Zahl" verdoppelt, gilt dies nicht für den Nutzen dieses Preises.

3. Mega-Preise sind selten. Die Chance, den Mega-Jackpot zu gewinnen, ist sehr klein; das Gewinnen eines bescheideneren Preises wahrscheinlicher. Egal, was die mathematische Berechnung behauptet: Es bleibt völlig unlogisch, einen hohen Betrag für ein Ergebnis einzusetzen, das sehr unwahrschein-lich ist.

Leben

Blaise Pascal

Die Leistungen des französischen Mathematikers, Wissenschaftlers und Theologen Blaise Pascal (1623-1662) sind so umfangreich, dass diese kurze Biographie ihm sicher nicht gerecht werden kann.

Im jugendlichen Alter von 18 Jahren entwarf und baute er eine Rechenmaschine, um seinem Vater - ein Finanzbeamter - bei seinen Berechnungen zu helfen. Für diese Leistung wurde die Computerprogrammiersprache PASCAL nach ihm benannt.

Später konzentrierte sich Pascal auf die Wissenschaft der Hydrostatik. Er hat bahnbrechende Arbeit für die Vakuumphysik geleistet, die Injektionsspritze erfunden und das Pascalsche Gesetz formuliert: Wenn eine eingeschlossene Flüssigkeit unter Druck gesetzt wird, breitet sich der Druck in alle Richtungen gleichmäßig aus. Die SI-Einheit für Druck wird in Pascal (Pa) gemessen.

Er war auch ein erstklassiger Mathematiker. 1653 schrieb er eine wichtige Abhandlung über das mathematische Dreieck, das alle Schüler unter dem Namen „Pascalsches Dreieck" kennen.

1654 begann Pascals Interesse, die Mathematik auf Glücksspiele anzuwenden. Daraufhin kam die Zusammenarbeit mit Pierre De Fermat zustande. Sie entwickelten die mathematische Wahrscheinlichkeitstheorie. Pascal gilt als Begründer der Wahrscheinlichkeitsberechnung. Er hat auch den Begriff „Erwartungswert" (S. 102-105) geprägt.

Die Pascalsche Wette

Ende 1654 hatte Pascal eine mythische Erfahrung, die ihn tief berührte. Er hängte die Wissenschaft an den Nagel und wandte sich der Theologie zu. Das wichtigste Werk jener Zeit ist Pensées (Gedanken), eine Verteidigung des christlichen Glaubens. Als er starb, war sein Werk unvollendet. Es wurde zusammengestellt aus den vielen Notizen, die er hinterließ.

Pensées enthält eine der berühmtesten Argumente der Religionsphilosophie. Pascal wendet die Wahrscheinlichkeitsberechnung bei der Beantwortung der Frage an, ob man an Gott glauben sollte oder nicht.

Pascals lose Notizen lassen hinsichtlich der Argumentation noch Platz für Interpretationen. Dies ist die gängigste Variante: Sie wissen nicht, ob Sie an Gott glauben sollen oder nicht.

Wie ein Spieler, der nicht weiß, ob er „Kopf" oder „Zahl" nehmen soll, wissen Sie nicht, was sie glauben sollen. Vergleichen Sie einmal den Erwartungswert für Glauben mit dem für Nicht-Glauben.

Was ist der Erwartungswert für Glauben? Wenn es Gott gibt, schenkt er Ihnen das ewige Glück. Gibt es ihn nicht, verlieren Sie eine endliche Menge an weltlichen Annehmlichkeiten. Unendlichkeit minus eine endliche Menge entspricht Unendlichkeit. Der Erwartungswert des Glaubens ist unendlich. Und der Erwartungswert von Nicht-Glauben? Wenn es Gott gibt, kann er

Sie mit ewiger Verdammnis strafen. Wenn es ihn nicht gibt, gewinnen Sie eine endliche Menge an weltlichem Genuss. Die Belohnung fürs Nicht-Glauben ist im günstigsten Fall nicht sonderlich groß. Darum ist es vernünftiger, zu glauben.

Interessanterweise empfiehlt die Wette, an Gott - zur Not ohne Überzeugung - zu glauben.

Angenommen, die Wahrscheinlichkeit, dass es Gott gibt, beträgt 1:1000 (0,001). Wenn Sie richtig raten und es ihn wirklich gibt, erwartet Sie eine unendliche Belohnung. Dann entspricht der Erwartungswert für diesen Glauben der Wahrscheinlichkeit, dass es Gott gibt (0,001) mal die Belohnung, die Sie bekommen, wenn es ihn gibt. Diese Belohnung ist unendlich. Jede Zahl, egal wie klein, mal die Unendlichkeit entspricht der Unendlichkeit. Wenn Sie sich für den Glauben entscheiden, ist Ihr Erwartungswert unendlich.

Kritik an der Wette

Die Pascalsche Wette bekam viel Kritik. Hier drei Kommentare:

1. Wir wählen unseren Glauben nicht: Pascal meint, dass der Glaube an Gott eine vernünftige Sache ist. Wir können jedoch nicht einfach beschließen, zu glauben. Glaube lässt sich nicht zwingen. Man muss schon davon überzeugt sein.

2. Welcher Gott? Die Wette diente der Förderung des Glaubens an den christlichen Gott. Die gleichen Argumente gelten jedoch für jeden anderen unendlich strafenden oder belohnenden Gott. Man kann nicht an alle glauben.

3. Wahrscheinlichkeitsberechnung ist hier fehl am Platze. Künstlich erzeugter Glaube aufgrund von egoistischen Berechnungen ist unschicklich in religiösen Fragen. Sollte dem Glauben nicht eine aufrichtige Überzeugung zu Grunde liegen?

Übung 5

Sie sind Dornröschen

DIE AUFGABE:

Ihnen wird am Sonntag mitgeteilt, dass Sie abends für ein Experiment narkotisiert werden. Das Experiment ist Mittwoch beendet. Sie werden montags geweckt. Ihnen wird mitgeteilt, dass es Montag ist. Bevor Sie wieder narkotisiert werden, wird Ihre Erinnerung gelöscht bis zu dem Augenblick, an dem Sie Sonntagabend wieder eingeschlafen sind. Möglicherweise werden Sie Dienstag erneut geweckt. Das jedoch hängt – wie Ihnen am Sonntag erklärt wurde – davon ab, wie die Münze fällt. Bei „Kopf" werden Sie nur am Montag geweckt, bei „Zahl" auch am Dienstag. Sie wurden soeben mitten im Experiment geweckt und es wurde Ihnen noch nicht mitgeteilt, welcher Tag es ist. Da Ihre Erinnerung gelöscht wurde, können Sie das Wecken am Dienstag vom Wecken am Montag nicht unterscheiden. Die Frage lautet: Wie glaubwürdig ist die Behauptung, dass „Kopf" gefallen ist?

MONTYS METHODE:

Wenn es Dienstag ist, muss es „Zahl" sein. Denn das ist die einzige Möglichkeit, bei der Sie am Dienstag geweckt werden. Ist es jedoch Montag, kann es „Kopf" oder „Zahl" sein. Dann gibt es drei nur Möglichkeiten:

	Kopf	Zahl
Montag		
Dienstag	X	

Der graue Bereich (mit X) ist ausgeschlossen.

Da Sie keinen Grund zur Annahme haben, dass eine der drei Möglichkeiten wahrscheinlicher ist als die beiden anderen, bleiben sie alle im Rennen und verdienen jeweils ein Drittel Ihres Vertrauens (= Überzeugungskraft). Das gilt auch für die Variante „Kopf". Bei 1 = sicher und 0 = unmöglich (oder ausgeschlossen) ist der Wahrscheinlichkeitswert ⅓.

Es gibt noch ein Argument, warum „Kopf" keinen höheren Wahrscheinlichkeitswert als ⅓ hat. Angenommen, das Experiment wird über einen längeren

Zeitraum wöchentlich wiederholt. Bei allen Experimenten wird genauso häufig „Kopf" wie „Münze" fallen. Bei jedem „Kopf" werden Sie jedoch nur ein Mal geweckt, bei jeder „Zahl" zwei Mal. Bei „Zahl" werden Sie also zwei Mal öfter geweckt als bei „Kopf". Als modernes Dornröschen sollten Sie die Wahrscheinlichkeit von „Zahl" doppelt so hoch einschätzen wie von „Kopf". Daraus ergibt sich ein Verhältnis von „Zahl" = ⅔ und „Kopf" = ⅓. Die Wahrscheinlichkeit, dass es „Kopf" ist, bleibt bei ⅓.

JUDYS METHODE:

Quatsch! Wir gehen von einer Münze mit zwei unterschiedlichen Seiten aus. Die Wahrscheinlichkeit von „Kopf" beträgt 50 % und hat damit den Wert von ½.

Hören Sie nicht auf Monty. Er nimmt an, dass die Münze bereits geworfen wurde. Es gibt dafür aber keine Indizien. Der Zeitpunkt des Münzwurfs steht noch nicht fest!

Wird die Münze am Sonntag geworfen, bevor Ihnen das Experiment erörtert wird oder erst danach, jedoch bevor Sie abends wieder narkotisiert werden? Vielleicht fand der Münzwurf statt, während Sie schliefen und kurz bevor Sie geweckt wurden? Davon geht Monty aus. Es ist auch möglich, dass die Münze noch geworfen werden muss. Vielleicht ist heute Montag und die Experimentleiter teilen Ihnen dies gleich mit. Dann wird Ihre Erinnerung gelöscht, Sie werden wieder narkotisiert und wird die Münze geworfen. Kann die Wahrscheinlichkeit für „Kopf" bei ehrlicher Herangehensweise (die Münze muss noch geworfen werden) wirklich ⅓ sein? Ernsthaft: Es ist egal, wann die Münze

geworfen wird. Wichtig ist nur, dass die Münze zwei unterschiedliche Seiten hat. Dann beträgt die Wahrscheinlichkeit für „Kopf" 50 %. Wie also kann diese Wahrscheinlichkeit durch ein Ereignis auf ⅓ sinken, das Ihnen am Sonntagabend erzählt wird, nämlich, dass Sie nur am Dienstag aufwachen, wenn die „Zahl" fällt. Das Aufwachen an sich bringt keine neuen, relevanten Beweise.

DIE LÖSUNG:

Angenommen, Ihnen wird mitgeteilt, dass es Montag ist. Macht es diese neue Information glaubwürdiger oder nicht, dass „Kopf" gefallen ist?

Monty und Judy finden, dass Ihr Glaube an „Kopf" nun größer werden muss. Laut Monty steigt die Wahrscheinlichkeit auf ½, bei Judy steigt der Wert auf ⅔. Warum? Wenn Ihnen mitgeteilt wird, dass es Montag ist, haben Sie mehr Informationen, was die subjektive Wahrscheinlichkeit verändert. Sie wissen jetzt auch, dass Ihre Erinnerung gleich gelöscht wird und Sie wieder narkotisiert werden. Sie wissen auch, dass Dienstag in der Zukunft liegt und Sie sich hier und jetzt nicht in der Zukunft befinden. Das bedeutet, dass eines der drei offenen Fächer in der Tabelle (Dienstag-Zahl, rechts unten) gestrichen werden kann. Als Sie wach wurden, wussten Sie, dass Sie sich in einer der drei Situationen befinden. Jetzt wissen Sie, dass noch zwei Möglichkeiten übrig sind. Aus diesem Grund verschiebt sich – angesichts der Tatsache, dass es Montag ist – die Glaubwürdigkeit von „Kopf" etwas.

Kapitel 6

Raum und Zeit

Raum und Zeit sind abstrakte Dimensionen. Dennoch sind sie unsere konkrete Realität. Die Analyse ihrer Struktur enthüllt eine unglaubliche Reihe an verblüffenden Paradoxien. Sie gehören zu den am meisten besprochenen und beliebtesten Themen der Philosophie und haben auch die klassische sowie moderne Physik bereichert. Aus dem Blickwinkel der mathematischen Unendlichkeit offenbaren sie die rätselhaften Kräfte fiktiver Götter, die allen Naturgesetzen und der Endlichkeit der Erde, die philosophische Verwunderung über das Phänomen des Paradoxons illustrieren.

Leben

Zenon von Elea

Wenn Sie das Wort „Paradoxon" fallen lassen, ist es sehr wahrscheinlich, dass jemand mit Interesse für Philosophie, Mathematik oder Wissenschaft sofort an Zenon denkt. Genauer gesagt: Zenon von Elea. Nicht zu verwechseln mit dem Stoiker Zenon von Kition.

Genau wie Eubulides (S. 36-37) ist Zenon (490-430 v.Chr.) vor allem als Erfinder einiger ausgeklügelter Paradoxien bekannt. Die Paradoxien von Zenon und Eubulides sind so interessant, wichtig und herausfordernd, dass sie den Zahn der Zeit überdauert haben und bis heute zu hitzigen Diskussionen führen.

Zenon ist weitaus berühmter als Eubulides. Zenons Paradoxon von Achilles und der Schildkröte (S. 116-117) kennen auch Menschen, die sich nicht sonderlich für Philosophie interessieren – wahrscheinlich, weil das Paradoxon in Form einer Geschichte mit interessanten Personen präsentiert wird, genau wie die Fabeln von Äsop.

Zenon war der Lieblingsschüler und – so wird jedenfalls behauptet – der Geliebte des Philosophen Parmenides (520-450 v.Chr.). Sie kamen beide aus der griechischen Kolonie Elea in Süditalien.

Plato berichtet, dass Parmenides und Zenon 450 v.Chr. Athen besuchten, wo sie den jungen Sokrates kennenlernten. Die drei haben sich ausgezeichnet verstanden. Die Philosophie von Parmenides hatte bleibenden Einfluss auf Sokrates.

Über das Leben von Zenon ist nicht viel bekannt. Legenden über seinen Tod gibt es dafür umso mehr. Nachdem er von Athen aus nach Elea zurückgekehrt war, soll er sich an einer Verschwörung gegen den Stadttyrannen Nearchos beteiligt haben. Der Komplott scheiterte und Nearchos ließ Zenon verhören, foltern und exekutieren.

Nach manchen Berichten soll Zenon in den Verhören Nearchos' Freunde als Verschwörer bezichtigt haben. In anderen Erzählungen hat er sich die Zunge abgebissen und den Tyrannen bespuckt. Auch soll er auf Nearchos gesprungen sein und ihm die Nase abgebissen haben.

Der Hintergrund von Zenons Paradoxien

Parmenides' Ideen waren das genaue Gegenteil des Gedankenguts von Heraklit (S. 34-35). Bertrand Russell hat den Unterschied in seiner Geschichte der westlichen Philosophie so zusammengefasst: „Heraklit verkündete, dass sich alles verändert. Parmenides antwortete, dass sich gar nichts verändert."

Die Welt besteht in unserer sinnlichen Wahrnehmung aus gesonderten Objekten verschiedener Größe, die sich im Laufe der Zeit bewegen und verändern. Parmenides fand die Sinne irreführend. Er erklärte, dass der Kosmos eine einzige unveränderliche Entität ist.

„Das Eine" war seiner Auffassung nach das Einzige, was es wirklich gab: eine materielle Substanz - unendlich, zeitlos, unveränderlich und unteilbar. In Parmenides' Denkwelt sind Zeit, Veränderung, Bewegung, Teilbarkeit und Pluralität nur Illusionen.

Zenons Paradoxien sollen zeigen, dass unsere alltäglichen Vorstellungen von Zeit, Bewegung, usw. den Gesetzen der Logik widersprechen. Er legt indirekt Beweise für die Behauptung von Parmenindes vor, dass die Wirklichkeit eine ewige, unveränderliche Einheit bildet.

Die Paradoxien bedienen sich der *reductio ad absurdum*-Methode (S. 72-73). Zenon beginnt mit der Annahme, dass es Zeit und Bewegung gibt oder dass der Kosmos aus mehreren Entitäten besteht. Danach zieht er sie in Zweifel, indem er sie mit absurden Schlussfolgerungen verbindet.

Zenon und die Pluralität

Zenons bekannteste Paradoxien richten sich gegen die Idee von Bewegung (S. 116-119). Nachstehend besprechen wir ein anderes Paradoxon von ihm, das sich gegen die Idee von Pluralität und Größe wendet.

Ausgangspunkt ist die Annahme, dass der Kosmos Objekte von unterschiedlicher Größe enthält. Ein Objekt einer bestimmten Größe muss in kleinere Teile aufzuteilen sein. Es handelt sich somit nicht um ein einziges Objekt, sondern um eine Ansammlung kleinerer Objekte. Ein wirklich unteilbares Objekt könnte dann keine Größe haben. Und ein Objekt ohne Größe ist kein Objekt. Jede Ansammlung von Objekten ohne Größe hat selbst keine Größe und existiert somit nicht.

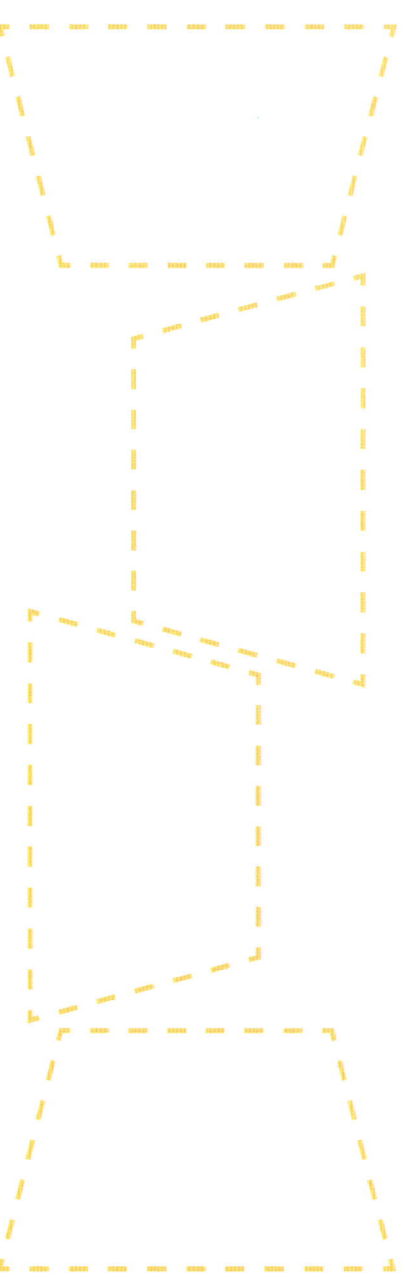

Achilles und die Schildkrote

Zenons berühmteste Paradoxien handeln von Bewegung. Leider gibt es so gut wie keine Schriften von Zenon. Seine Bewegungsparadoxien werden uns aus zweiter Hand vermittelt, nämlich durch die Schriften von Aristoteles.

Achilles und die Schildkröte

In diesem berühmten Paradoxon bittet Zenon uns, uns einen Wettlauf zwischen Achilles und einer Schildkröte vorzustellen. Achilles ist ein ausgezeichneter Athlet, und die Schildkröte… ist eben eine Schildkröte. Da Achilles viel schneller ist, bekommt die Schildkröte einen Vorsprung. Aber der Wettlauf dauert lange und Achilles hat genug Zeit, das Tier einzuholen.

Wer wird gewinnen? Achilles natürlich!

Nicht so schnell, sagt Zenon. Bei logischem Nachdenken wird klar, dass Achilles den Wettlauf nicht gewinnen kann, ohne die Schildkröte einzuholen. Er kann sie nicht einholen ohne erst den Vorsprung des Tiers einzuholen. Und das ist für Achilles unmöglich.

Die Argumentation sieht folgendermaßen aus: Egal wie schnell Achilles auch läuft, es dauert eine Weile bis er die Schildkröte erreicht. In der Zeit hat die Schildkröte den nächsten Punkt im Parcours erreicht.

Achilles muss jetzt zur neuen Position der Schildkröte rennen. Egal wie schnell er rennt – es wird ihn Zeit kosten. Und in dieser Zeit ist die Schildkröte wieder zum nächsten Parcours-Punkt gelaufen. Usw. usw.

Achilles kann die Schildkröte nie erreichen. Und kann somit den Wettlauf niemals gewinnen.

Stoff zum Nachdenken

Zenons Beweis ist subtil und genial. Dennoch ist kaum jemand bereit, ihn zu akzeptieren. Denn: Ein schneller Läufer kann eine langsame Schildkröte einholen. Zenons Argumentation muss irgendwo einen Fehler enthalten. Aber wo?

Das Paradoxon von Achilles und der Schildkröte ist seit über 2000 Jahren Gegenstand philosophischer Diskussionen. Es wurden viele Methoden herangezogen, um das Paradoxon zu lösen. Die folgende elegante Lösung stammt aus einem Artikel von Alan R. White, der 1963 in der Zeitschrift *Mind* erschien.

Achilles in der Schießbude

Der Schatten bzw. Geist von Achilles entschied, er solle sein Glück in der Schießbude versuchen. Der Geist von Zenon empfiehlt ihm: „Um das Ziel zu treffen, musst du auf die jetzige Position des Ziels zielen."

Achilles tut, wie ihm geheißen. Er nimmt das Gewehr, zielt und schießt. Als die Kugel beim Ziel ankommt, ist es bereits weitergeschoben. Er trifft nicht.

Achilles versucht es erneut. Dieses Mal mit einem schnelleren Gewehr und schnelleren Kugeln. Vergeblich. Seine Kugeln sausen jedes Mal links am Ziel (das sich nach rechts bewegt) vorbei. Zum Glück erscheint der Geist von Sokrates.

„Du wirst ein bewegendes Ziel niemals treffen, wenn du auf die jetzige Position zielst. Ziele etwas weiter nach rechts auf den Punkt, an dem das Ziel sich befinden wird, wenn die Kugel ankommt." Achilles befolgt Socrates' guten Rat und trifft das nächste Ziel genau in der Mitte.

Was hat die Geschichte von der Schießbude mit der Schildkröte zu tun? Hilft sie uns, den Fehler in Zenons Argumentation zu finden?

White erklärt, dass das Schildkrötenparadoxon in gleicher Weise in die Irre führt, wie Zenon es mit Achilles in der Schießbude tut.

Achilles kann ein bewegendes Ziel nicht treffen, wenn er auf den Punkt zielt, wo es sich befindet, sondern nur, wenn er auf den Punkt zielt, wo es sich befinden wird. Somit kann Achilles auch die Schildkröte niemals einholen, wenn er zur jetzigen Position des Tieres rennt. Das geht nur, wenn er zur nächsten Position rennt, wo das Tier noch ankommen muss.

White sagt: „Zenon hat nicht bewiesen, dass die Schildkröte nicht eingeholt werden kann, wohl aber, dass das Tier nicht eingeholt werden kann, indem einige Löcher gestopft werden."

An sich logisch. Scheinbar kann Achilles die Schildkröte einholen, wenn er zu einem Punkt rennt, der weiter entfernt liegt als die jetzige Position des Tiers – z. B. die Ziellinie.

Nun würde Zenon sicher lächeln und sagen: „Das sollte man meinen. Achilles kann jedoch die Ziellinie oder jedweden anderen Punkt im Parcours niemals erreichen." Die Gründe für diese erstaunliche Behauptung lesen Sie auf S. 118-119.

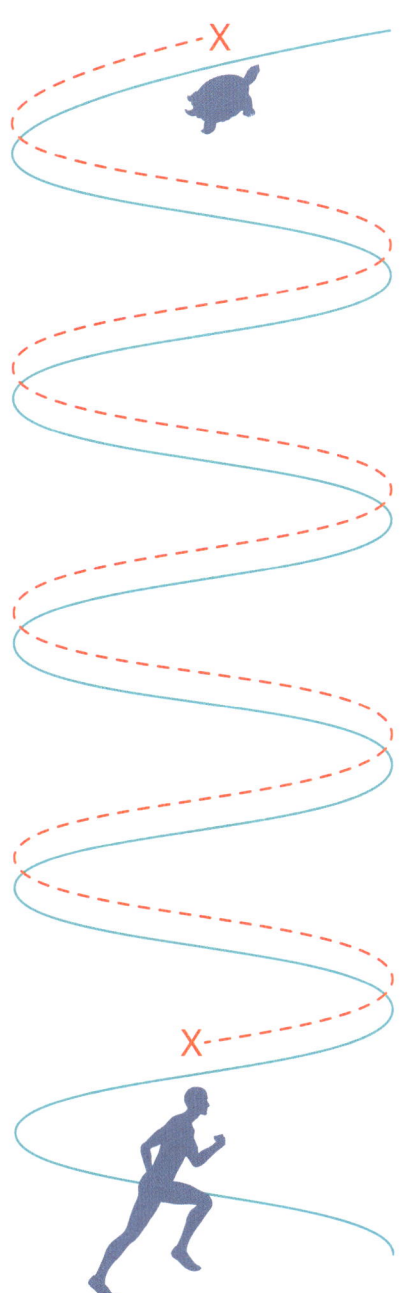

Die Wettkampfbahn

Zenons Paradoxon von Achilles und der Schildkröte (S. 116-117) soll zeigen, dass der schnelle Achilles niemals die lahme Schildkröte einholen kann. Egal wie schnell er rennt und wie lange der Wettkampf dauert. Im Paradoxon der Wettkampfbahn (bekannt als Dichotomieparadoxon) geht Zenon einen Schritt weiter. Er weist nach, dass kein Läufer das Ende der Wettkampfbahn erreichen kann.

Die Wettkampfbahn

Um die Länge der Wettkampfbahn abzulegen, muss der Läufer erst den Punkt in der Mitte erreichen. Danach bleibt noch die Hälfte des Abstands übrig.

Um ihn zurückzulegen, muss er wiederum erst die Hälfte zurücklegen. Dann ist noch ein Viertel der Länge übrig.

Um dieses Viertel zurückzulegen, muss er wiederum erst die Hälfte laufen. Dann bleibt noch ein Achtel übrig.

Dies geht unendlich so weiter. Der Läufer kann den Wettlauf nur absolvieren, indem er unendliche Anzahlen an kleiner werdenden Abständen zurücklegt. Das ist aber unmöglich: Niemand kann eine unendliche Anzahl an Abständen innerhalb einer endlichen Zeit zurücklegen. Der Läufer kann das Ende der Wettkampfbahn somit nicht erreichen.

Das gleiche Argument gilt für alle und jeden, der irgendwo hin unterwegs ist. Achilles kann nie das Ende des Parcours erreichen – genauso wenig wie die Schildkröte. Sie und ich können noch nicht einmal durch ein Zimmer laufen. Und obendrein: Nichts kann irgendwo hin, denn selbst, wenn Sie sich einen Millimeter weit bewegen, müssen Sie erst ½ Millimeter zurücklegen, dann ¼ Millimeter, dann ⅛ Millimeter, usw.

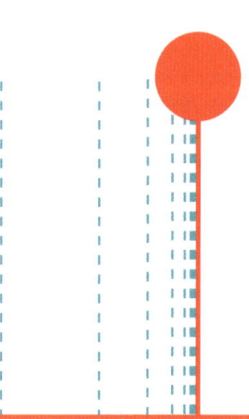

Gegenargument

Für Zenon war das Paradoxon der Wett-kampfbahn ein indirekter Beweis für Parmenides' Behauptung, dass nichts sich bewegt oder verändert (S. 114-115) – allen gegenteiligen Ideen zum Trotz. Zenon möchte uns davon überzeugen, dass Bewegung nicht der Logik entspricht und abgeschafft werden sollte.

Philosophen, Mathematiker und Wissen-schaftler haben fast 2500 Jahre ihre intellek-tuellen Kräfte mit Zenon gemessen. Anstatt seine bizarren Schlussfolgerungen zu akzeptieren, suchten Sie Gegenargumente. Die folgende mathematische Antwort wird als Gnadenstoß für Zenons Paradoxon betrachtet.

Addition unendlicher Reihen

Angenommen, die Wettkampfbahn ist einen Kilometer lang. Dann muss der Läufer erst einen halben Kilometer zurücklegen, dann einen viertel Kilometer, dann 1/16 Kilo-meter, usw. Angenommen, der Läufer rennt ein Tempo von 1 km pro Minute. Dann legt er die kleiner werdenden Abstände in immer kürzerer Zeit zurück: ½ Minute, ¼ Minute, ⅛ Minute, 1/16 Minute, usw. Die Zeit für den gesamten Parcours beträgt dann: $\frac{1}{2} + \frac{1}{4} + \frac{1}{8} + \frac{1}{16} + \frac{1}{32} + \frac{1}{64} + \dots + \frac{1}{2^n} + \frac{1}{2^{n+1}} + \dots$ Minuten

Zenon scheint zu denken, dass die Addi-tion einer unendlichen Anzahl von Brü-chen zu einer unendlichen Summe führt. Mathematiker wissen es inzwischen besser: Je mehr Summanden dieser Reihe hinzu-gefügt werden, desto mehr nähert sich die Summe dem Ergebnis 1.

Der Läufer kann somit eine unendliche Anzahl an Abständen zurücklegen, denn jede aufeinander folgende Zwischenzeit ist kürzer als die vorhergehende. Und die Summe der Zwischenzeiten nähern sich einem endlichen Ergebnis.

Bemerkung des Autors

Auch wenn diese mathematische Berech-nung fehlerfrei zu sein scheint, kann sie mich nicht vollends überzeugen.

Um das Ziel zu erreichen, muss der Läufer irgendwie eine unendliche Anzahl an Strecken zurücklegen. Zugegeben: Er legt sie immer schneller zurück, die Summe der Zwischenzeiten nähert sich einem endlichen Ergebnis.

Trotzdem finde ich, Gary Hayden, es eine seltsame Idee, dass jemand eine unendliche Anzahl an Strecken zurück-legen kann. Damit sind wir direkt beim nächsten Thema: Superaufgaben.

Superaufgaben

Kann eine unendliche Reihe an Aufgaben in einer endlichen Menge an Zeit ausgeführt werden? Wenn man die Frage zum ersten Mal hört, mutet sie leicht lächerlich an. Wer hätte jemals den Mut, zu behaupten, dass dies möglich ist?

Die Frage bezieht sich direkt auf das Paradoxon der Wettkampfbahn. Der Grund: Um das Ziel zu erreichen, scheint Zenons Läufer genau das tun zu müssen, was hier gefordert wird. Er muss unendlich viele Strecken in einer endlichen Zeit zurücklegen bzw. er muss etwas erledigen, was die Philosophen als „Superaufgabe" bezeichnen.

Der englische Philosoph James F. Thomson hat sich nachstehendes Paradoxon ausgedacht, das hoffentlich etwas mehr Licht (Vorsicht! Wortspiel!) auf dieses Thema wirft.

Die Lampe von Thomson

Stellen Sie sich eine elektrische Lampe mit Druckschalter vor. Beim ersten Drücken wird sie eingeschaltet, beim zweiten wieder aus. Beim dritten wieder ein, usw.

Stellen sie sich jetzt vor, dass der Schalter eine Minute lang wiederholt gedrückt und der Abstand zwischen jedem Schalten immer kürzer wird: ½ Minute, ¼ Minute, ⅛ Minute, ¹⁄₁₆ Minute, usw. Am Ende der Minute wurde die Lampe unendlich oft ein- und ausgeschaltet. Eine Superaufgabe wurde vollbracht.

Dies wirft die folgende Frage auf: Ist die Lampe am Ende an oder aus?

Thomson behauptet, dass die Lampe nicht eingeschaltet sein kann, da jedem Einschalten ein Ausschalten folgt. Das Gleiche gilt natürlich auch fürs Gegenteil, denn jedem Ausschalten folgt ein Einschalten. Die Lampe ist weder an noch aus. Dennoch muss sie ganz klar entweder ein- oder ausgeschaltet sein.

Die Annahme, dass die Lampe eine Superaufgabe vollbringt, führt zu einer Widersprüchlichkeit. Thomson behauptet mit einer *reductio ad absurdum* (S. 72-73), dass die Vorstellung einer Superaufgabe der Logik widerspricht.

Gegenargument

Die Lampe von Thomson ist materiell gesehen nicht realistisch. Es gibt gute wissenschaftliche Gründe dafür, dass es eine solche Lampe nicht geben kann. Dennoch ist das Szenario logisch betrachtet möglich. Scheinbar gibt es logische Gründe, nicht an Superaufgaben zu glauben. In Thomsons Analyse befindet sich jedoch ein Fehler.

Die Summe der aufeinander folgenden Zwischenzeiten ($\frac{1}{2} + \frac{1}{4} + \frac{1}{8} + \frac{1}{16} + \ldots$) nähert sich immer mehr dem Ergebnis 1, wird es aber nie wirklich erreichen. Die Regel, die bestimmt, wie oft der Schalter hintereinander betätigt wird, zeigt zu jedem Moment vor dem Ende der Minute an, ob die Lampe brennt oder nicht. Sie bietet keine Informationen zum Ein-/Aus-Status der Lampe am Ende der Minute.

Thomsons Paradoxon ist am Ende der Minute hinsichtlich des Status der Lampe zwar kein Widerspruch, beantwortet jedoch die Frage nicht.

STOFF ZUM NACHDENKEN

Thomsons Lampe scheint die logische Möglichkeit, eine unendliche Reihe an Aufgaben zu vollbringen, nicht auszuschließen. Dennoch finde ich Superaufgaben nach wie vor eine seltsame Sache. Damit beschleicht mich auch wieder ein Gefühl des Unbehagens gegenüber dem Paradoxon der Wettkampfbahn.

In meiner Phantasie läuft Zenons Athlet über die Ziellinie. Auch stelle ich mir vor, wie Gott ihm zusieht und jedes Mal „Piep" sagt, wenn der Athlet einen der immer kürzeren Abstände zurücklegt: bei $\frac{1}{2}$ km, $\frac{3}{4}$ km, $\frac{7}{8}$ km, $\frac{15}{16}$ km,...

Da Gott allmächtig ist, wird es ihn keine Mühe kosten, diese Aufgabe zu erfüllen. Wenngleich er natürlich immer schneller piepen muss. Aber wenn Gott keine Superaufgabe erledigen kann, wer sonst?

Am Ende der Minute, wenn der Athlet die Ziellinie erreicht, würde Gott dann unendlich oft gepiept haben. Egal, was alle Mathematiker sagen: Es ist ein bizarrer Gedanke. Was meinen Sie?

Leben

Albert Einstein

Der deutsche Philosoph Schopenhauer schrieb: „Ein Talent trifft ein Ziel, das niemand anders treffen kann. Ein Genie trifft ein Ziel, das niemand anders sehen kann." Albert Einstein (1879-1959) war ein solches Genie, der mit seinen gewagten, verblüffenden Ideen die Wissenschaft des 20. Jahrhunderts revolutionierte.

Einsteins Interesse für Physik entstand bereits im Alter von vier Jahren als sein Vater ihm einen magnetischen Kompass zeigte. Der Junge war fasziniert und versuchte sich die mysteriöse Kraft vorzustellen, die die Nadel in Richtung Nord weisen ließ. Die gleiche kindliche Neugier war der Antrieb für seine spätere Arbeit. Er betrachtete die Welt als Rätsel und freute sich auf die Herausforderung, alles erklären zu können.

Trotz seines Talents konnte die Schule ihn nicht sonderlich begeistern. Die Regeln und den phantasielosen Unterricht in seiner Schule in München fand er geisttötend. Später studierte er an der Technischen Universität in Zürich. Die dortigen Lehrmethoden gefielen ihm jedoch auch nicht viel besser.

Nach seinem Studium arbeitete er als technischer Assistent im Patentamt in Bern. Für jemanden mit seinem Talent war die Arbeit wenig anspruchsvoll. Er hatte dadurch viel freie Zeit, um sich dem Physikstudium zu widmen. 1905 erwarb er an der Universität Zürich seinen Doktortitel.

Im gleichen Jahr veröffentlichte Einstein drei wissenschaftliche Artikel. Jeder einzelne hatte enormen Einfluss auf die Entwicklung der Physik – eine an sich schon bemerkenswerte Leistung, für einen Amateur jedoch so gut wie unvorstellbar. In einem der Texte beschrieb Einstein seine spezielle Relativitätstheorie (S. 124-125), die zum berühmtesten Vergleich in der Geschichte der Wissenschaft führte: $E = mc^2$.

Einstein arbeitete noch weitere vier Jahre im Patentamt, bevor er eine Reihe akademischer Funktionen in Zürich, Prag und Berlin bekleidete. 1915 präsentierte er seine allgemeine Relativitätstheorie, in der die spezielle Theorie weiter ausgearbeitet und die Schwerkrafteffekte auf Raum und Zeit berücksichtigt wurden (S. 126-129).

Die allgemeine Relativitätstheorie sagte u. a. vorher, dass Lichtstrahlen in der Nähe der Sonne abgelenkt würden. Diese Vorhersage wurde während der Sonnenfinsternis 1919 von Astronomen bestätigt. Auf der ganzen Welt verkündigten Schlagzeilen den Triumph von Einsteins Theorie. Er wurde über Nacht eine internationale Berühmtheit. 1921 erhielt er den Nobelpreis für Physik. Als Hitler 1933 an die Macht kam, verließ Einstein Deutschland und nahm eine Stelle am Institute for

Advanced Study in Princeton, New Jersey an. 1939 unterzeichnete er einen Brief an Präsident Franklin D. Roosevelt, in dem gewarnt wurde, dass die Deutschen möglicherweise die Entwicklung einer Atombombe planten. Diese Waffe basierte auf den wissenschaftlichen Prinzipien, die Einstein selbst entdeckt hatte.

Dieser Brief hatte Einfluss auf den Beschluss der amerikanischen Regierung, selbst eine Atombombe zu entwickeln, wenngleich Einstein dabei nicht weiter einbezogen wurde. Später verurteilte er den Einsatz der Atombombe gegen Japan und führte Kampagne für ein Verbot von Kernwaffen.

Während seiner ganzen Laufbahn kombinierte Einstein seine Leidenschaft für Physik mit einem starken moralischen Bewusstsein und großem politischem Engagement. Er nutzte seinen Ruhm, um sich gegen Rassismus und Intoleranz sowie die McCarthy-Ära auszusprechen.

Raum, Zeit und Einstein

Auf den S. 114-119 besprechen wir das Zeitreiseparadoxon. Die Idee einer Zeitreise ist aufregend. Wer hätte nicht schon einmal phantasiert, in die Zukunft zu reisen und sich futuristische Wunder anzusehen? Oder in der Vergangenheit einen Blick auf lebende Dinosaurier zu werfen oder gar der Bergpredigt zuhören zu können?

Unser gesunder Verstand sagt: Das ist Fiktion. Zeit kann man nicht verändern oder manipulieren. Zeit ist ein „ewiger Strom", der mitleidlos von der Vergangenheit in die Zukunft strömt und alles und jeden im gleichen Tempo mitreißt. Wir können nicht in die Vergangenheit zurück, denn die gibt es nicht mehr. In die Zukunft können wir auch nicht, denn die muss sich noch bilden.

Das war die Vision von Isaac Newton (1642-1727), dessen Theorien die Welt der Physik 200 Jahre lang beherrschten. In

Newtons Universum ist die Zeit absolut, unumkehrbar und unveränderlich. Die Zeit ist für jeden überall gleich.

Aber Newton hatte Unrecht. 1905 veröffentlichte Albert Einstein seine spezielle Relativitätstheorie, die Newtons Auffassung widerlegte. Einstein wies nach, dass Zeit elastisch ist.

Zeit kann sich dehnen und zusammenziehen. Zehn Jahre später veröffentlichte Einstein die allgemeine Relativitätstheorie, die unseren normalen Begriff von Zeit noch weiter untergrub. Er bewies, dass Zeit durch Masse oder Energie sehr stark gekrümmt werden kann.

In der speziellen Relativitätstheorie sind Reisen in die Zukunft wissenschaftlich gesehen möglich. Die allgemeine Relativitätstheorie bietet die interessante Möglichkeit für Zeitreisen in die Vergangenheit.

Reisen in die Zukunft

1905 ersetzte Einstein die Idee von absoluter Zeit durch die Idee der relativen Zeit. Um die von ihm studierte Lichtausbreitung zu verstehen, musste er den Zeit- Begriff gründlich revidieren. In seiner speziellen Relativitätstheorie hängt der Zeitverlauf für verschiedene Wahrnehmer von ihrer jeweiligen Geschwindigkeit ab.

Einstein sagte voraus, dass eine Uhr, die um die Welt reist, gegenüber einer Uhr, die am Ausgangspunkt bleibt, Zeit verliert. Je schneller die Uhr reist, desto mehr Zeit verliert sie. Diese Zeitverzögerung durch Bewegung wird als *Zeitdilatation* bezeichnet.

Der Effekt wird erst bei Lichtgeschwindigkeit bemerkt. Das Licht legt pro Sekunde 300 000 Kilometer zurück. Moderne Raumschiffe erreichen gerade mal einen Bruchteil eines Prozents dieser Geschwindigkeit.

Je mehr sich die bewegende Uhr der Lichtgeschwindigkeit nähert, desto größer wird der Effekt der Zeitdilatation. Eine Uhr, die sich so schnell wie das Licht bewegt, würde komplett zum Stillstand kommen. Die spezielle Relativitätstheorie gibt an, dass die Lichtgeschwindigkeit eine Grenze ist, die normale materielle Körper niemals erreichen können.

Nicht nur Uhren werden durch Bewegung beeinflusst. Alle physischen und biologischen Prozesse werden in gleicher Weise verzögert. Man könnte auch sagen, dass die Zeit selbst ein Verzögerungsfaktor ist.

Die spezielle Relativitätstheorie ist aufsehenerregend. Die Theorie wurde experimentell bestätigt. Einer der überraschendsten Effekte der Theorie: Sie ermöglicht Reisen in die Zukunft. Diese Form von Zeitreisen wird anhand des Zwillingsparadoxons illustriert.

Das Zwillingsparadoxon

Stellen Sie sich eineiige Zwillingsschwestern vor. Wenn die eine Schwester auf der Erde bleibt und die andere mit hoher Geschwindigkeit um die Erde reist, wird die reisende Schwester langsamer alt als die andere. Wenn sie sich der Lichtgeschwindigkeit genug nähert, kann sie viele Generationen später auf die Erde zurückkehren ohne selbst älter geworden zu sein.

Diese Art von Zeitreisen ist unumstritten. Sie würde zwar große technische Entwicklungen erfordern, aber eine Zeitmaschine, die in die Zukunft reisen kann, ist nichts anderes als ein Raumschiff, das an Lichtgeschwindigkeit heranreicht.

Das Zwillingsparadoxon ist übrigens nur deshalb ein Paradoxon, weil es dem gesunden Verstand widerstrebt. Dass eine der Zwillingsschwestern erheblich älter sein kann als die andere, finden wir absurd. Dies ist aber kein logischer Widerspruch oder eine wissenschaftliche Unmöglichkeit. Wir müssen akzeptieren, dass das Weltall viel seltsamer ist als wir denken.

Warnung...

Ich war früher Grundschullehrer. Einem Kollegen erzählte ich, dass Zeit für unterschiedliche Wahrnehmer unterschiedlich verstreicht. Das hängt von der jeweiligen Geschwindigkeit der Wahrnehmer ab. Keine Ahnung, woher dieses Thema kam!

Den mitleidigen Blick werde ich nie vergessen. So ähnlich wie Festus, der in der Bibel zu Paulus sagt: „Du bist von Sinnen Paulus. Das viele Studieren treibt dich in den Wahnsinn."

Ich erklärte, dass Einsteins spezielle Relativitätstheorie die Verformung der Zeit vorhersagt und dies auch experimentell bewiesen ist. Vergeblich. Keine Wissenschaft konnte ihn davon überzeugen, dass seine logische Intuition nicht stimmte.

In unbekannten Bereichen kann logische Intuition ein sehr zuverlässiger Leitfaden sei. Vom Philosophen John Locke (1632-1704) stammt das Beispiel des indischen Prinzen, der sein Leben lang in einem warmen Klima gelebt hatte und sich darum weigerte, an Eis zu glauben.

Die Vorstellungen, die mein Kollege von der Zeit hatte, waren dadurch beschränkt, dass er in einer Welt lebt, in der große Gegenstände sich viel langsamer bewegen als das Licht. Die Effekte der Zeitdilatation entsprechen nicht seiner alltäglichen Erfahrung und sind somit absurd. Die Moral der Geschichte? Wie Bertrand Russell schon sagte: „Wer Philosoph werden will, darf sich nicht vor Absurditäten fürchten."

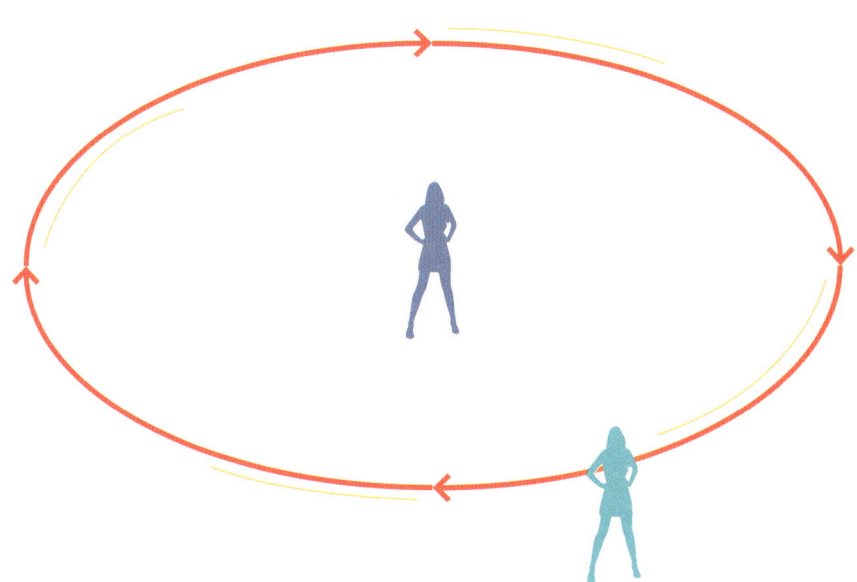

Reisen in die Vergangenheit: Teil 1

Wir betrachten Raum und Zeit als gesonderte Entitäten. In Einsteins Universum jedoch werden die drei Dimensionen von Raum und die eine Dimension von Zeit in einem vierdimensionalen Kontinuum vereint: die Raumzeit. Alle Ereignisse können anhand von vier Raumzeit-Koordinaten lokalisiert werden, die angeben, wann und wo sie stattfinden.

Für die meisten Physiker ist Zeit nicht mehr ein Strom aus der Vergangenheit in Richtung Zukunft, sondern Ereignisse, die ganz einfach in der Raumzeit existieren. Diese Vorstellung wird als „Blockuniversum" bezeichnet. Vergangenheit, Gegenwart und Zukunft haben darin keine besondere Bedeutung. Alle Ereignisse sind unabhängig von ihrem Standort in der Raumzeit gleich wirklich.

Einstein schrieb an einen Freund: „Wir Physiker denken, dass die Unterscheidung zwischen Vergangenheit, Gegenwart und Zukunft eine Illusion ist, wenngleich eine überzeugende Illusion."

Somit sind Vergangenheit und Zukunft genauso wirklich wie die Gegenwart. Es gibt sie „irgendwo da draußen". Bereits die spezielle Relativitätstheorie bietet eine Methode, in die Zukunft zu reisen. Auch die Vergangenheit kann besucht werden, wenn wir in der Lage sind, uns durch die Raumzeit in die Vergangenheit zu navigieren. Und da kommt die allgemeine Relativitätstheorie ins Spiel.

In Einsteins allgemeiner Theorie wurde die spezielle Relativitätstheorie um die Effekte der Schwerkraft erweitert. Der Theorie lag die Idee zu Grunde, dass die Schwerkraft das Ergebnis einer Verformung der Raumzeit durch Masse und Energie ist.

Materie mit einer sehr hohen Dichte kann Raum und Zeit erheblich verformen. Theoretisch kann die Raumzeit so stark verformt werden, dass geschlossene zeitartige Kurven (CTC) entstehen. Sie laufen kreisförmig in sich zurück. CTC sind potenzielle Tunnel in die Vergangenheit. Wenn ein Astronaut sicher durch eine CTC navigieren könnte, würde er in die Vergangenheit reisen und an vergangenen Ereignissen teilnehmen können.

1949 dachte sich der österreichische Logiker Kurt Gödel Lösungen für Einsteins Feldvergleiche aus. Dadurch wurden Reisen in die Vergangenheit möglich. Leider gelten seine Lösungen nur für ein rotierendes, nicht-expandierendes Weltall. Unser Weltall scheint jedoch im Gegenteil nicht zu rotieren und zu expandieren. Gödels Berechnungen zeigten dennoch, dass das Prinzip von Zeitreisen weiterhin gilt. Daraufhin begann die Suche nach anderen Situationen, in denen Reisen in die Vergangenheit möglich wären.

Manche Physiker haben gemeint, dass ein rotierendes schwarzes Loch die Raumzeit genug verformen kann, dass sich CTC bilden. Ein Astronaut, der in ein schwarzes Loch fliegt, müsste im Prinzip zu einem früheren Zeitpunkt wieder herauskommen als er reingeflogen ist. Das gilt jedoch

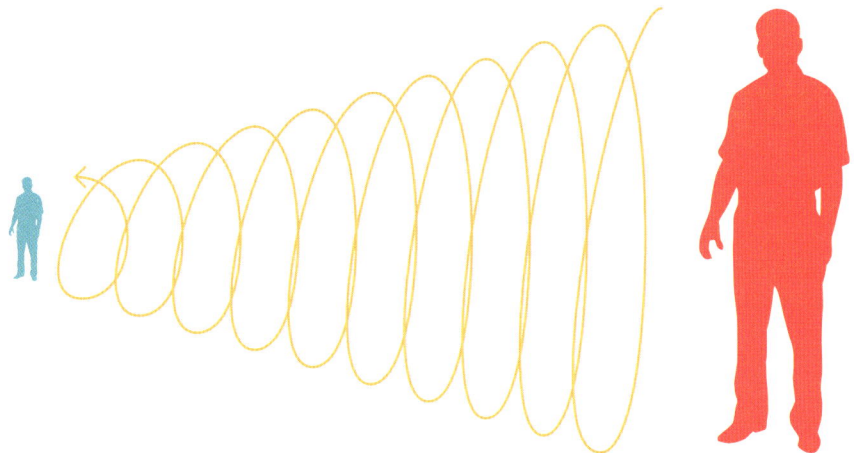

nur, wenn sich das schwarze Loch schnell genug dreht, so dass er entkommen kann. Es ist sehr unwahrscheinlich, dass es wirklich schwarze Löcher mit der erforderlichen Rotationsgeschwindigkeit gibt.

Der Physiker Frank Tipler errechnete in den 1970er Jahren, dass ein rotierender, superdichter Zylinder ein Schwerkraftfeld erzeugen könnte, das die Raumzeit ausreichend verformt und Zeitreisen möglich macht. Man nehme einen langen, schmalen Zylinder mit einer Masse von zehn Sonnen, der sich einige Milliarden Mal pro Minute dreht, und die Zeit liegt Ihnen zu Füßen. Jedoch ist es von der Materie her unmöglich, eine solche „Zeitmaschine" zu bauen.

Kip Thorne vom California Institute of Technology meint, er könne durch die Manipulation von zwei Enden eines Wurmlochs (eine Art Schleichweg durch die Raumzeit) eine CTC bilden. Jedoch hat die Erschaffung eines stabilen Wurmlochs für Zeitreisen so viele wissenschaftliche und technologische Tücken, dass es einer weitaus fortschrittlicheren

STOFF ZUM NACHDENKEN

Wenn Reisen in die Vergangenheit jemals möglich werden, wo werden sich dann alle Zeitreisetouristen aufhalten? Man kann davon ausgehen, dass wichtige historische Ereignisse große Menschenmassen anziehen. Und irgendjemand aus der Zukunft würde garantiert verhindern wollen, dass Adolf Hitler an die Macht kommt oder Jesus gekreuzigt wird.

Kultur als der unseren bedarf, um dieses Ziel zu erreichen. Ausgeschlossen ist es aber nicht.

Zeitreisen in die Vergangenheit könnten auch Luftschlösser sein. Vielleicht entdecken Wissenschaftler irgendwann ein Naturgesetz, das solche Reisen ausschließt. Oder es ist technologisch unmöglich. Vorläufig ist es eine aufregende Idee.

Reisen in die Vergangenheit: Teil 2

Bisher hat niemand einen zwingenden wissenschaftlichen Grund gefunden, die Möglichkeit, dass Zeitreisen möglich sind, als unmöglich abzutun. Es gibt allerdings logische Einwände, denn das Ganze ist mit ein paar besorgniserregenden Paradoxien verbunden.

Das Großvaterparadoxon

Wenn Reisen in die Vergangenheit wirklich möglich sind, warum reist dann niemand zurück in die Zeit vor der Geburt des eigenen Vaters und ermordet seinen Großvater? Weil das ganz klar absurd wäre. Denn wenn der Mord gelingt, verhindert er die Geburt seines Vaters und er selbst wäre auch niemals auf die Welt gekommen.

Das Wissensparadoxon

Reisen in die Vergangenheit scheinen auch folgende Geschichten zu ermöglichen.

Ein alter Mann schenkt einem jungen Mann ein Buch. Das Buch ist eine Anleitung zum Bau einer Zeitmaschine. Der junge Mann macht sich an die Arbeit. Jahre später reist er als alter Mann zurück in die Vergangenheit und übergibt das Buch seinem jüngeren Ich.

Seltsam, denn weder gibt es das Buch, noch gibt es es nicht. Außerdem kommt das Wissen in diesem Buch aus dem Nichts, ohne dass jemals jemand die Informationen gesammelt hätte.

Lösungen des Großvaterparadoxons

Einige Wissenschaftler, die das Großvater-paradoxon lieber umgehen, schließen Zeit-reisen aus und berufen sich auf ein ominöses Naturgesetz, das dies nicht zulässt. Stephen Hawking hat beispielsweise die Chrono-logieschutz-Vermutung angestellt, die davon ausgeht, dass die Naturgesetze immer zusam-menhalten, um eine Reise in die Vergangen-heit zu verhindern.

Andere Wissenschaftler denken, dass die Paradoxien gelöst werden können. Eine Möglichkeit wäre, dass die Handlungen eines Zeitreisenden besonderen Einschränkungen unterliegen. Einfacher gesagt: Man kann die Vergangenheit zwar besuchen, aber nichts an ihr verändern.

Angenommen, Sie reisen in die Zeit der Jugend Ihres Großvaters und Sie wollen ihn erschießen. Sie werden merken, dass alle Umstände sich gegen Sie richten. Vielleicht verwunden Sie ihn nur, er kommt ins Kran-kenhaus und wird von einer Pflegerin ver-sorgt, die verdächtige Ähnlichkeit mit Ihrer Großmutter hat…

Eine andere Denkrichtung geht davon aus, dass die Viele-Welten-Interpretation der Quantenmechanik der Schlüssel zur Lösung des Zeitreiseparadoxons ist. In dieser Theorie besteht die Realität aus einer Reihe paralle-ler Universen. Es gibt Wissenschaftler, die behaupten, dass sich diese normalerweise par-allel verlaufenden Universen durch geschlos-sene zeitartige Kurven (CTC) in besonderer Weise vereinen. Ein Zeitreisender, der durch eine CTC in die Vergangenheit reist, gelangt in ein anderes Universum als jenes, aus dem er gestartet ist: Er kann ein Universum verlassen, in dem sein Großvater ein gesegnetes Alter erreicht hat und ein alternatives Universum betreten, in dem sein Großvater jung stirbt.

AUFGABE: DAS WISSENS-PARADOXON AUFLÖSEN

Es gibt einige Methoden, das Groß-vaterparadoxon zu vermeiden. Geht das auch mit dem Wissens-paradoxon? Haben Sie Ideen, wie es zu lösen ist ohne das Prinzip des Zeitreisens gänzlich zu verwerfen?

BEMERKUNG DES AUTORS

Mein erster Gedanke war: Auch wenn Reisen in die Vergangenheit zu Wissensparadoxien führen können, müssen sie nicht notwendigerweise auftreten. Vielleicht können wir das Problem ganz einfach ignorieren.

Mein zweiter Gedanke ist, dass die Viele-Welten-Interpretation der Quantenmechanik möglicherweise wieder einen Ausweg bietet. Ein Zeitreisender könnte über den herkömmlichen wissenschaftlichen Weg entdecken, wie er eine Zeitmaschine bauen muss. Er schreibt das Wissen in ein Buch, baut die Maschine und reist in die Vergangenheit, um das Buch seinem jüngeren Ich zu überreichen. Nachdem er erfolgreich durch eine CTC gereist ist, landet er in einem anderen Universum als in jenem, aus dem er gestartet ist. So könnte er das Wissen seines Buchs an sein jüngeres Ich weitergeben ohne ein Paradoxon zu verursachen. Das Buch und das darin enthaltene Wissen wären das Ergebnis einer kreativen Anstrengung – wenn auch in einem anderen Universum.

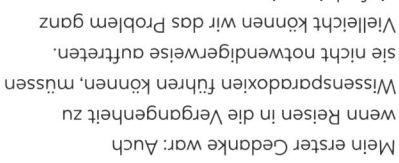

Übung 6

Das Götterparadoxon

DIE AUFGABE:

Ein Mann möchte von A nach B gehen. Der Abstand beträgt etwas mehr als einen Kilometer. Jedoch liegt eine unendliche Zahl von Göttern auf der Lauer, die ihm beim Begehen des Weges immer wieder eine Mauer vor die Nase bauen. Der erste Gott errichtet eine Barriere, damit der Mann nicht weiter als bis zur Hälfte kommt. Der zweite Gott ist doppelt so wachsam und greift bereits bei einem Viertel des Abstands mit einer Mauer ein. Gott Nr. 3 ist wiederum doppelt so wachsam wie Gott Nr. 2 und behindert den Mann bereits bei $1/8$ des Abstands. Der n-te Gott wird eine Barriere bei $1/2^n$ errichten, um den Mann zu stoppen. Beweisen Sie, dass der Mann nie an seinem Weg beginnt, ohne dass jemals eine Barriere errichtet werden muss.

DIE METHODE:

Angenommen, der Mann beginnt seinen Weg. Beweisen Sie das Gegenteil, nämlich dass der Mann dies gar nicht kann. Dazu braucht es keine Barrieren. Darauf gehen wir später noch ein. Nehmen wir einfach an, der Abstand von A nach B beträgt 1,024 km (= 1024 = 210 Meter).

Angenommen, der erste Schritt des Mannes beträgt 1 Meter. 1 Meter = 1,024 km/2^{10} und 2 Meter = 1,024 km/2^9. Der neunte Gott wird im Abstand von 1 Meter eine Barriere errichtet haben, bevor der Mann dort ankommt. Aber soweit kommt er nicht: Der zehnte Gott (doppelt so wachsam wie der neunte) hat dann bereits im Abstand von 0,5 Metern eine Barriere errichtet. Der Mann erreicht somit nie die 1-Meter-Marke. Nach einem halben Meter ist bereits Schluss. Auch diesen Punkt erreicht er nicht, denn bevor er beim halben Meter ankommt, hat der elfte Gott ihn bereits bei 25 cm ausgeschaltet. Diese Überlegungen können bis zum 20. Gott wiederholt werden. Der 20. Gott ist derjenige, der den Mann hindert, auch nur einen Zentimeter zurückzulegen (1,024 km/2^{20} = 0,977 cm).

Also: Der Mann kann noch keinen Bruchteil des Abstands von A nach B zurücklegen. Bevor er auch nur bis zur Hälfte des Bruchteils kommt, hat ein Gott ihm schon den Weg versperrt. Noch vor dem Start wird es dem Mann unmöglich gemacht. Auf diesen 1000 Metern kann der Mann noch nicht einmal den ersten Schritt machen.

Aber warum braucht keine Barriere aufgestellt zu werden? Antwort: Es ist nicht möglich, eine erste Barriere aufzustellen. Eine göttliche Barriere reicht aus, um einen Sterblichen zu stoppen. Das macht alles Weitere überflüssig. Kein Gott macht sich die Mühe, eine Barriere aufzustellen, wenn ein anderer Gott das bereits getan hat. Wenn wir beweisen können, dass keine erste Barriere aufgestellt werden kann, folgt daraus, dass überhaupt keine Barriere aufgestellt werden kann.

Nehmen wir mal an, es könnte sehr wohl eine erste Barriere auf $\frac{1}{2}\,m$ Abstand zwischen A und B aufgestellt werden. Diese Barriere wäre dann vom n. Gott aufgestellt worden. Da es die erste Barriere ist, würde der Mann ungehindert bis zu diesem Punkt laufen können. Beachten Sie, dass er zwischen A und der ersten Barriere nicht auf halber Strecke auf eine andere Barriere gestoßen ist. Der Punkt auf halber Strecke befindet sich in einem Abstand von $\frac{1}{2}^{m+1}$ zwischen dem Beginn und Ende der Strecke. Dieser Punkt wird jedoch bereits vom $n+1$. Gott blockiert, der doppelt so wachsam ist wie der n. Gott. Es ist eine Barriere vor der ersten Barriere. Das ist absurd. Es kann also gar keine erste Barriere geben. Und wenn es die nicht gibt, kann es überhaupt keine Barrieren geben.

Was die Götter betrifft… die können die komplizierten Gedankengänge der vorigen Absätze alle problemlos begreifen.

Der erste Gott ist sich darüber im Klaren, dass er keine Barriere in der Mitte aufzustellen braucht, der zweite Gott weiß, dass eine Barriere auf dem Viertel der Strecke sowieso überflüssig ist, genauso wie der dritte weiß, dass seine Barriere überflüssig ist, usw. Wenn der n. Gott nicht eingreifen muss, um den Mann zu hindern, braucht der $n+1$. Gott das auch nicht, denn er kann davon ausgehen, dass der $n+2$. Gott den Mann ausgebremst hat. Da der Mann das Rennen nicht beginnen kann, braucht auch kein Gott ihn aktiv zurückzuhalten. Scheinbar reichen die guten Vorsätze von gut kooperierenden Göttern aus, um die Taten eines Sterblichen von vornherein zu vereiteln – dazu brauchen die Vorsätze nicht einmal ausgeführt zu werden.

Aber wenn kein einziger Gott eingreift, gibt es auch keinen Grund, warum der Mann die Strecke nicht zurücklegen und das Ziel nicht erreichen könnte.

DIE LÖSUNG:

Nicht zufrieden mit der Lösung? Trösten Sie sich mit dem Gedanken, dass dieses Paradoxon unglaublich viele lächerliche Annahmen mit sich bringt. Wir müssen annehmen, dass jeder Gott in der verfügbaren Zeit eine Barriere aufstellen kann, aber jeder Gott hat nur halb so viel Zeit wie sein Vorgänger und muss somit jeweils doppelt so schnell sein. Es kann keine feststehende Zeit für den Bau einer göttlichen Barriere geben, denn auf Dauer erscheinen sie aus dem Nichts. Und das wissen alle Götter. Wir sprechen hier über mächtige Götter, deren Unmöglichkeit eine Voraussetzung für dieses irreführende Paradoxon ist.

Kapitel 7

Unmöglich-keiten

Eigentlich sollte es nichts in diesem Kapitel wirklich geben. Aber ein Buch über Paradoxien ist nicht vollständig ohne ein Kapitel über Unmögliches. Wir betrachten zunächst scheinbare Unmöglichkeiten und illusorische Paradoxien, die einfach zu lösen sind, indem man Klarheit schafft. Dann sind unmögliche Objekte bzw. Skizzen an der Reihe und unmögliche Vorsätze. Zum Schluss erörtern wir eine mathematische Notwendigkeit, die so seltsam ist, dass sie fast unmöglich scheint.

Das Euthyphron-Dilemma

Ist Gottes Wille richtig, weil er gut und gerecht ist oder wird die Natur von „Güte" durch den Willen Gottes bestimmt? Diese Frage wurde als Euthyphron-Dilemma bekannt, nach einem Dialog von Platon, wo es zuerst auftauchte. (Tatsächlich diskutiert Platon das Wesen der „Frömmigkeit" in Bezug auf „die Götter", aber das Problem bleibt dasselbe – hier verwende ich eine Variation des Dilemmas, mit dem der deutsche Philosoph Leibniz die Diskussion erweiterte und vereinfachte.) Das Paradoxe an der Frage ist, dass beide Optionen ein Problem für die traditionelle Auffassung von Gott sind.

Einerseits gilt: Wenn Gottes Gutes will, weil es das Gute ist, dann scheint das Gute ein Wert außerhalb von Gott zu sein und Gott selbst ihm unterstellt. So ein Wesen aber wäre aber wohl nicht der Allmächtige der traditionellen Theologie, da das Gute für einen externen Wert stünde, der die Begrenzung von Gottes Willen repräsentieren würde.

Können wir Gott vertrauen?

Andererseits jedoch, wenn Gott doch bestimmt, was Gutsein ist (genannt *Theorie des göttlichen Moralgebots*), dann scheint seine Entscheidung willkürlich zu sein, denn hätte er theoretisch nicht auch Werte wie Selbstsucht, Bosheit oder Ungerechtigkeit wählen können? In den Büchern und Geschichten von H. P. Lovecraft findet sich beispielsweise die von ihm erdachte Rasse der Großen Alten (Götter). Ihre Anhänger würden sich, wenn sie deren Moral annähmen, solchen Dingen hingeben, die traditionell als „böse" oder „schlecht" gelten, in ihren Augen aber der Inbegriff der Tugend wären.

Gehört das Gute untrennbar zu Gott?

Es gibt einen leichten Weg hinaus aus dem Paradoxon – den Atheismus. Wie die Frage, ob Gott einen Stein erschaffen kann, der so schwer ist, dass er ihn nicht heben kann, so kann das Paradoxon für den Beweis herangezogen werden, dass die Logik gegen die Existenz eines solchen Wesens spricht. Allerdings gibt es verschiedene theologische Versuche es aufzulösen. Die meisten landen auf der einen oder anderen Seite der Debatte, aber einige wenige möchten das Dilemma als Fehlverständnis der göttlichen Natur und daher als Pseudo-Problem abtun. Im Mittelalter etwa argumentierte der heilige Thomas von Aquin, dass wir die „Güte" nicht von Gottes Wesen loslösen können, um es als eigenen Wert anzusehen, denn es ist untrennbar mit Gott verbunden. Auch sei es unzulässig zu fragen, ob Gott statt der Güte eine andere Eigenschaft „wählen" könnte, genauso wie die Überlegung, ob Gott bei etwas nicht so gut ist, wie er könnte, denn Gottes Güte ist der Ausdruck seiner perfekten Natur – so wie ein rosiger Teint ein Zeichen von Gesundheit ist – und keinesfalls eine Wahl, die er trifft.

Die Natur der Güte

Zu diesem Dilemma gibt es eine säkulare Fast-Parallele, denn die Moralphilosophie setzt sich mit einer ähnlichen Frage über die Natur des Gutseins auseinander. So definiert der klassische Utilismus korrekte moralische Handlung als diejenige, die der größtmöglichen Anzahl die größtmögliche Freude bereitet. Nun taucht wiederholt der Hinweis in diesem Buch auf, dass dies zu Handlungen führen kann, die nicht unserer traditionellen Auffassung von Moral entsprechen. Daraus leitete

der Philosoph B. E. Moore ab, dass Güte im Grunde keine natürliche Eigenschaft ist. Oder anders gesagt können wir nicht behaupten, dass gut = Freude bedeutet, weil wir hinterfragen können, ob das, was Freude (oder welche natürliche Eigenschaft wir dafür einsetzen) bereitet, immer „gut" ist. Vielleicht klingt in dieser Kontroverse teilweise das Echo von Platons Dilemma an: Sind bestimmte Handlungen richtig, weil sie uns glücklich machen oder sind wir glücklich, weil wir das Richtige machen?

MORALISCHER RELATIVISMUS

Es ist nicht nötig, danach zu fragen, ob Gott auch ein anderes Moralsystem *hätte* erschaffen können, denn durch die Geschichte hindurch haben verschiedene Kulturen eine große Palette an unterschiedlichen Werten und Überzeugungen entwickelt.

Wie sollen wir darauf reagieren? Eine enge religiöse Perspektive würde vermutlich nur wenige „korrekte" Werte anerkennen und die restlichen als degeneriert oder falsch einstufen.

Eine tolerantere, weltlichere Annähe-

rung könnte im Sinne des *moralischen Relativismus* stattfinden und argumentieren, dass abweichende gesellschaftliche Praktiken und Werte – bis zu einem gewissen Grad – zulässig sind, weil es *keinen* ausschließlichen göttlichen Moralcodex gibt, nach dem Verhalten bewertet wird.

Vermutlich am bemerkenswertesten dabei ist die weitgehende Übereinstimmung unterschiedlicher Kulturen in Bezug auf die Moral in vielen Bereichen – ob die Ursache dafür göttlicher Natur ist?

Der Geist von Descartes

Descartes war ein zerrissener Mensch: einerseits wissenschaftlicher Pionier, der sich in seinen Forschungen mit der Natur und der physikalischen Welt beschäftigte, gleichzeitig aber tief religiös. Er wollte mit Macht den Glauben vor der aufkommenden Bedrohung durch den Atheismus schützen. Descartes war überzeugt, dass er beweisen musste, dass Geist und Materie klar getrennt und unabhängig voneinander sind, dann könnten Religion und Naturwissenschaft fröhlich nebeneinander existieren.

Descartes war Dualist und glaubte, dass jede Existenz (außer Gott) aus Materie und Geist besteht. Materie ist alles, was wir sehen, schmecken, berühren, fühlen etc. können, alles körperlich Existierende. Somit ist der Stoff der Materie messbar, belegt Raum, hat Volumen und Gewicht, Größe und Abmessung und ist teilbar. Im Gegensatz dazu besitzt das Immaterielle oder Unstoffliche, aus dem der Geist besteht, keine physikalischen Eigenschaften: alles, was nicht gemessen oder gewogen werden kann. Es ist nicht auf einen bestimmten Ort beschränkt, hat weder Größe noch Form und lässt sich nicht in Stücke teilen.

Wesen mit Bewusstsein

An anderer Stelle haben wir über Descartes' Schlussfolgerung gelesen, dass es unmöglich ist, die eigene Existenz anzuzweifeln (das Cogito-Argument). Aber, führt er fort, wir können die Existenz unserer Körper anzweifeln, denn beim Sitzen, Stehen, Laufen, Essen und allen anderen Aktivitäten, die Handlung oder Gefühl einschließen, könnten wir träumen oder kosmisch getäuscht werden. Was ein bewusstes Wesen nie anzweifeln kann, sind seine Gedanken (merke: Descartes

definiert „Gedanken" hier sehr weitgefasst und bezieht Empfindung und Wahrnehmung ein). Also ist das Einzige, worin wir uns sicher sein können, dass wir bewusste Wesen sind und unsere grundlegende Aktivität das Denken ist.

Geist und Körper sind getrennt

Lassen Sie uns des Argumentes wegen annehmen, er hätte recht mit der absoluten Trennung von Geist und Körper. Wie kommt es dann zum Zusammenspiel? Denn dass der Geist den Körper beeinflusst und umgekehrt, ist offensichtlich: Ich stoße mein Knie an und fühle Schmerz. Ich möchte eine Tür öffnen und meine Hand greift nach dem Griff.

Aber wie, wollten Descartes' Zeitgenossen umgehend wissen, können immaterielle und materielle Dinge einander beeinflussen?

Wie werden aus Gedanken Handlungen?

Dafür bietet Descartes zwei Lösungen an, von denen keine richtig überzeugt. Bei erster vermutet er, dass die Seele über die Zirbeldrüse (im limbischen System des Mittelhirns) Befehle aussendet und Eindrücke empfängt. Außer dass die Vermutung seltsam willkürlich anmutet (warum ausgerechnet dort?), stellt sich bei dieser Lösung die Frage erneut: Wie werden körperliche Empfindungen in der Zirbeldrüse zu immateriellen Eindrücken? Seine zweite Antwort zeigt ähnliche Defizite. Womöglich, sagt er, findet die Wechselwirkung mit dem Geist nicht über eine bestimmte Stelle statt, sondern vielmehr über den ganzen Körper verteilt und mittels einer Art körperlicher, Geist-ähnlicher Kraft, die Informationen durch Nerven und Muskeln schickt. Aber noch einmal: wie? Paradoxerweise ist es anscheinend notwendig, dass die absolute Trennung von Geist und Körper einen körperlichen / geistigen Aspekt verlangt, der sie verbindet. Es gibt andere mögliche Lösungen. Die einfachste ist die Ablehnung des Dualismus und die Annahme, dass der Geist das Gehirn ist, ohne dass es getrennten „Seelen-Kram" gibt: Wir sind rein körperliche Wesen. Das ist die Haltung der meisten modernen Philosophen, obwohl sie in sich selbst Schwierigkeiten birgt. Zwar liegt das Problem nicht darin, wie Neuronen und Synapsen miteinander agieren, dennoch bleibt die Frage, wie bestimmtes körperliches Zusammenspiel in den verschiedenen, wunderbaren Gedanken, Gefühlen und Eindrücken resultiert, die unser subjektives geistiges Leben ausmachen. Die Debatte dauert an.

ZOMBIES

Das Gegenteil von Descartes' Geist könnte der philosophische Zombie sein. Zwar lehnen die meisten Philosophen heute Descartes' Ansicht über immaterielle Substanz ab, aber noch ist nicht beantwortet, warum es bewusste und unbewusste Materie gibt. Warum denke, fühle, schmecke, sehe etc. ich und der Stein (oder das Auto oder der Wasserfall) nicht?

Einige Philosophen argumentieren, dass das Bewusstsein lediglich das Ergebnis einer komplexen Anordnung von Materie ist, andere lehnen diese Theorie als nicht hinreichend erläutert ab: Wenn wir nicht mehr als körperliche Teile sind, ist es dann möglich, dass eine Maschine (oder ein „Zombie") sich wie ein Mensch verhalten kann, ohne über die entsprechenden „inneren" Empfindungen und Wahrnehmungen zu verfügen?

Zwar ist so ein Wesen sogar logisch denkbar, aber es lässt vermuten, dass das Bewusstsein mehr als Verhalten oder körperliche Anordnung ist – vielleicht lag Descartes doch nicht ganz falsch? Dann besteht noch die Möglichkeit, dass wir alle Zombies sind, ohne es zu ahnen.

Etwas aus nichts

Die meisten Kulturen bieten eine Erklärung für den Beginn der Welt an, einige wissenschaftlich, andere religiös oder mythologisch. **Die Durchsetzung von Ordnung im Chaos durch göttliche Macht (oder Mächte), die Schaffung des Universums durch die Zerstückelung eines Ur-Wesens oder auch ein spontaner Schöpfungsakt aus dem Nichts heraus (*ex nihilo*) werden dabei offeriert. In all ihren Unterschieden – und es gibt sogar einige wenige, die behaupten, dass es das Universum immer schon gegeben hat – stimmen die meisten darin überein, dass es einen Moment gegeben haben muss, in dem alles angefangen hat.**

So weisen religiös eingestellte Philosophen seit Langem darauf hin, dass die Existenz des Universums der Beweis ist, dass es einen Schöpfer geben muss (das sogenannte kosmologische Argument): Denn etwas kann sich nicht selbst erschaffen, irgendwer ist dafür verantwortlich. Daher *muss* es eine Erstursache geben, etwas, dass immer schon existiert hat oder Ursache für das eigene Sein ist (die *Causa sui*). Und so haben Philosophen von Parmenides über Platon und Aristoteles zu Thomas von Aquin geschlossen, dass „Nichts von nichts geschaffen werden kann" und dass eine Schöpfung *ex nihilo* unmöglich ist.

Was kam zuerst? Gott oder das Universum?

Wenn es undenkbar ist, dass etwas einfach so entsteht, dann muss das Gegenteil ähnlich problematisch sein. David Hume argumentierte, dass zwar Ereignisse auf Ursachen zurückzuführen sind, aber das bedeutet nicht, dass das Universum selbst eine Ursache haben muss: Was für seine Teile gilt, muss nicht notwendigerweise für das Ganze gelten und umgekehrt. Unsere Haare auf dem Kopf bedingen noch keinen Haarwuchs am ganzen Körper.

Fundamentaler ist, dass das kosmologische Argument eine Art Huhn-und-Ei-Paradoxon enthält: Wenn jede Wirkung eine Ursache hat, was ist dann mit der Erstursache? Wer erschuf Gott? Zu behaupten, wie ich weiter oben gesagt habe, irgendwer ist verantwortlich, wäre ein Fehlschluss: Jedes Ereignis hat eine Ursache, außer der Erstursache! Und warum? Weil die Dinge sonst endlos weitergehen würden. Warum sollte das ein Problem darstellen? An sich gibt es keinen logischen Grund, um zwischen einem endlichen oder einem unendlichen Universum zu wählen (wie Kant sagte, aber dazu kommen wir später).

Der Urknall

Als sich die Wissenschaft endlich in diese Angelegenheit einklinkte, dies geschah nach Edwin Hubbles Entdeckung (1929), dass sich das Universum immer weiter ausdehnt, befand sie, dass das Universum vor 13,7 Milliarden Jahren mit einem großen Knall startete. Die Gewalt dieses Ereignisses und die Ausdehnung, die daraus resultierte, bedeutet – wie Hubble entdeckte –, dass Galaxien sich immer weiter voneinander entfernen. Spätere Wissenschaftler fanden heraus, dass das sogar immer schneller vonstattengeht.

So nachvollziehbar diese Erklärung auch erscheinen mag, stehen wir damit wieder vor dem Problem, das der religiösen, mythischen und philosophischen Frage sehr ähnlich ist. Wieder können wir nämlich fragen „Was löste den Urknall aus?" oder „Was war vor dem Urknall?". Aus wissenschaftlicher Sicht mag die Frage verärgern, aber sie ist legitim. Nehmen wir einmal an, dass der Urknall eine Folge physikalischer Ereignisse war: Bei den hohen Temperaturen und der unendlichen Dichte des Anfangsuniversums (Singularität genannt) musste etwas passieren! Selbst wenn das stimmt, scheint es immer noch rätselhaft, warum der Anfangszustand existierte oder wie diese Gesetze entstanden. Ob wissenschaftlich, religiös oder mythisch – Erklärungen für den Anfang des Universums sind voller Paradoxien.

KOSMISCHE UNSICHERHEIT

Wie weiter oben bemerkt, trug David Hume unglaublich viel dazu bei, dass wir die Grenzen wissenschaftlicher Erkenntnisse verstehen. So kann es nicht verwundern, dass sein Name auftaucht, wenn es um die Ursache für das Universum geht.

Hume sagt allgemein, dass der Großteil wissenschaftlicher Erkenntnisse auf Erfahrung basiert, daher sind sie nicht nur veränderlich, sondern auch unsicher: Selbst, wenn wir sicher wären, dass etwas das Universum erschuf, wäre es so gut wie unmöglich zu sagen, was genau dieses Etwas ist (ein Gott, viele Götter, eine unpersönliche, kosmische Macht), ganz zu schweigen von der Natur dieses Wesens.

Das Problem liegt in der Argumentationskette von der Wirkung (dem Universum) zurück zur Ursache (dem – naja, was auch immer!). Andersherum sieht es ähnlich aus: Auch wenn es klar zu sein scheint, dass sich das Universum aus einem einzigen Fleck heraus ausgedehnt hat (der Urknall), lässt sich unmöglich mit Sicherheit sagen, was die Ursache dafür war.

Laplacescher Dämon

Der französische Naturwissenschaftler und großer Bewunderer von Sir Isaac Newton, Pierre-Simon Laplace, lebte im 19. Jahrhundert und war wie sein Vorbild davon überzeugt, dass alle Gesetze, die das Universum lenken, eines Tages offenliegen würden. Und er träumte vom perfekten Wissen. Er glaubte, dass, wenn wir den Punkt erreichen, an dem wir alle physikalischen Gesetze kennen, wir in der Lage wären, alles Zukünftige vorauszusehen, zu wissen, was irgendwo im Universum vor sich ging oder Ereignisse zurückverfolgen können, um festzustellen, was in der Vergangenheit geschehen ist. Alles, was wir dazu bräuchten, seien genügend Daten. Würde ein allmächtiger, gottähnlicher Intellekt den kompletten Zustand des Universums erfassen, würde er alles wissen, was es zu wissen gibt.

Dieser Laplacesche Dämon ist natürlich ein hypothetischer, ein Gedankenexperiment, das zeigen soll, dass dem wissenschaftlichen Geist nichts verborgen bleibt, wenn nur genügend Zeit gewährt wird. Aber auch darin findet sich ein Problem. Abgesehen von der Frage, ob so ein Wesen – oder vielleicht ein entsprechend mächtiger Computer – überhaupt existieren könnte, und selbst, wenn diese Gesetze absolut deterministisch wären (und wir das lästige Problem der Quantenunsicherheit ignorieren könnten), könnten wir niemals mit Sicherheit irgendetwas voraussagen.

Chaostheorie

Das liegt in der Chaostheorie begründet, die am häufigsten in Form von Wettervorhersagen in Erscheinung tritt. Die Meteorologie ist heute viel genauer als früher und wird immer exakter. Leistungsfähige Hochgeschwindigkeitscomputer helfen bei genaueren Vorhersagen immer weiter in die Zukunft hinein. Aber trotz des technischen Fortschritts passieren Fehler. Warum? Unsere physikalischen Erkenntnisse sind nicht das Problem, denn die haben sich seit Newton kaum verändert. Auch liegt es nicht an den innewohnenden Grenzen von Computern oder dem menschlichen Verstand. Das Problem sind die Daten.

Um ein häufig herangezogenes Beispiel zu bemühen: Ein Schmetterling schlägt in Rio de Janeiro mit den Flügeln, später gibt es in Moskau einen Sturm. Es ist nicht der brasilianische Schmetterling, der den russischen Sturm *auslöst*, sondern die unmessbare „Einmischung", die das Ergebnis beeinflusst.

Warum sollte etwas so Belangloses in die meteorologischen Berechnungen einbezogen werden? Die Chaostheorie besagt, dass winzige Ereignisse ein Ergebnis radikal verändern können – etwa einen Sturm verursachen –, weil der Ausgangszustand eines Systems einen unproportionalen Effekt auf den Ausgang haben kann. Das ist gemeinhin als Schmetterlingseffekt bekannt. Oder anders: Mächtige Eichen wachsen aus winzigen Eicheln (und werden dann vom Sturm umgeworfen). Oder wie Jeff Goldblum im Film *Jurassic Park* sagte, als es darum ging, dass der Schöpfer des Parks absolut sicher war, ein System gefunden zu haben, das eine Vermehrung der Dinosaurier unmöglich machte: „Die Natur findet einen Weg." Kein System ist gefeit vor Fehlern, weil nicht alles bedacht werden kann. Auch das allerkleinste Ereignis kann eine unvorhergesehene, massive Wirkung haben.

Nie genug Daten

Ist Laplaces Traum vom absoluten Wissen demnach paradox? Gibt es Dinge, die selbst ein unendlich mächtiger Intellekt nicht wissen kann? Wir könnten auf Fortschritte in der Datenerhebung hoffen oder in der theoretischen Physik, aber das eigentliche Problem ist nicht, dass Laplaces allmächtiger Intellekt/Computer nicht den Effekt des Flügelschlags berechnen könnte. Es liegt darin, dass er niemals ausreichend Daten dafür sammeln kann, denn die möglichen Einflüsse sind unendlich klein. Oder anders: Warum bei Schmetterlingen aufhören? Oder Stechmücken? Oder einzelnen Luftpartikeln? Oder Atomen? Und wenn wir an subatomare Teilchen denken, eröffnet sich ein ganz anderes Problem …

DAS PROBLEM DER VORHERSEHUNG

Laplaces Projekt birgt ein weiteres mögliches Paradoxon. Nehmen wir an, dass zu einem weit entfernten Zeitpunkt in der Zukunft jemand Laplaces Traum erfüllt und einen allmächtigen Computer erschafft, der alles vorhersehen kann. „Großartig", mögen Sie denken. „Jetzt verhindern wir alle Morde, bevor sie geschehen!" (Natürlich arbeiten Sie in diesem Szenario in der Verbrechensbekämpfung.)

Sie machen sich also auf den Weg, Ihren Kriminellen dingfest zu machen.

Unterwegs fällt Ihnen etwas auf: Wenn Sie es schaffen, den Mord zu verhindern, funktioniert die Maschine nicht – das Verbrechen wurde nicht begangen (und der Verbrecher wäre nur des beabsichtigten Mordes schuldig). Aber findet der Mord so oder so statt (Sie kommen zu spät), so ist die Maschine nutzlos.

Wir kommen später zu einem ähnlich gelagerten Problem bezüglich Vorhersagen und göttlicher Allwissenheit und übrigens auch der Prämisse von Philip K. Dicks *Der Minderheitenbericht*.

Das Beobachterparadoxon

Wir wir gesehen haben, illustriert Erwin Schrödingers Gedankenexperiment (Schrödingers Katze) die Verrücktheit des Universums auf der Quantenebene. Bis wir die Kiste öffnen, können wir anhand der Gesetze der Physik nicht bestimmen, ob die Katze darin tot oder lebendig ist. Wie verzwickt das ist, sagt die Tatsache, dass Schrödinger diesen Gedanken vorgebracht hat, um zu demonstrieren, dass es ein Problem mit der Quantenphysik gibt: Diese verrückte Sache mit der toten-lebendigen Katze kann doch nicht das letzte Wort über die grundlegende Natur des Universums sein, oder?

Was aber bestimmt das Schicksal der Katze? Ist das Universum willkürlich? Gibt es verborgene Variable, die wir nicht erkennen (wie Einstein dachte)? Es gab schon viele Vorschläge bezüglich des Problems mit der Quanten-Unbestimmtheit. Einer ist, dass es der Beobachter ist, der den Ausgang beeinflusst. Durch das Öffnen der Kiste bestimmt man (irgendwie), ob die Katze lebt oder stirbt. Wenn das stimmt – und aus meiner laienhaften Sicht ist diese Erklärung so plausibel wie jede andere – dann stehen wir vor einem weiteren Paradoxon: Wir wissen nicht nur nicht, ob die Katze sowohl lebt als auch tot ist oder weder noch, es ist auch nicht möglich, etwas zu beobachten, ohne Einfluss darauf zu nehmen. Trifft das zu, müssen alle Wissenschaftler einräumen, dass jede Form der Beobachtung Forschungsergebnisse verändert und wissenschaftliche Objektivität unmöglich macht.

Kann ein Beobachter subjektiv sein?

Das Beobachterparadoxon, so der Titel, ist auf unterschiedlichen Ebenen anwendbar. Zum Glück aber nicht auf das „Makro"-Level der Gebäude, Menschen und Autos, lediglich (soweit wir wissen) auf das „Mikro"-Level der subatomaren Teilchen. Ein lockereres Parallelphänomen findet sich in anderen Bereichen menschlicher Erkenntnis. So hat die bloße Anwesenheit eines Anthropologen bei zurückgezogen lebenden Ureinwohnern Auswirkungen auf das Verhalten der Menschen, deren „unverdorbene" Kultur er dokumentieren möchte. Denken Sie daran, wie schwer es Menschen fällt, sich „normal" zu verhalten, wenn sie beobachtet werden. Außerdem beeinflussen Beobachter die Ergebnisse durch ihre Erwartungen und Vermutungen: Auch bei einer versteckten Kamera hat jemand entschieden, sie auf eine bestimmte Art anzubringen, um den Fokus auf etwas zu richten und dabei etwas anderes auszulassen. Und das Verhalten wird nach den subjektiven Kriterien der Beobachter beurteilt. Der Forscher führt Experimente durch, um nur eine winzige Bandbreite an Möglichkeiten zu beweisen (oder zu widerlegen), wobei andere nicht einbezogen werden. Das Beobachterparadoxon ist daher nur ein einziger Aspekt des größeren Problems der Objektivität. Im Grunde kann die Geschichte von Forschung und Philosophie als Kampf angesehen werden, die

VIELE WELTEN

Quanten-Unbestimmtheit bleibt für Physiker ein Rätsel: Der Gedanke, dass der Beobachter für den Ausgang von Schrödingers Experiment (lebt die Katze oder nicht) eine Rolle spielt, ist allerdings nur eine der Erklärungen (als Kopenhagener Deutung bekannt, stammt sie von den Physikern Niels Bohr und Werner Heisenberg).

Eine andere populäre Alternative ist die Viele-Welten-Interpretation des Physikers Hugh Everett. Sie besagt, dass der Beobachter nicht bestimmt, welches der zwei Szenarien entsteht, sondern dass beide stattfinden und ihre eigene „Welt" erschaffen. In einer ist Schrödingers Katze tot, in der anderen lebt sie.

Meine Physiker-Freunde finden tatsächlich, dass diese Lösung „vorzuziehen" sei, denn sie ist mathematisch „sauberer". Aber in jeder anderen Hinsicht scheint sie sogar noch bizarrer als die Kopenhagener Deutung zu sein, was sie anscheinend so attraktiv für Science-Fiction-Autoren macht.

Hindernisse, die die Natur (die menschliche Natur im Besonderen) uns auf dem Weg zu Erkenntnissen in den Weg legt, zu identifizieren und zu isolieren. Ist Objektivität überhaupt erreichbar? Ist es uns paradoxerweise auf ewig vorbestimmt, unsere eigenen Vorurteile mit einzubeziehen?

Einerseits scheint es, dass wir wohl mit dem unbeabsichtigten Einfluss des Beobachters leben müssen. Andererseits lässt sich der unglaubliche Nutzen wissenschaftlicher Forschung nicht von der Hand weisen. Das Problem bleibt zwar bestehen, dennoch hat die Menschheit einigen Fortschritt zur Erlangung von Objektivität und Wahrheit gemacht. Ein Beweis dafür ist nicht zuletzt das Beobachterparadoxon selbst (paradoxerweise …?).

Kants Antinomien

Während andere Philosophen Paradoxien als Rätsel ansahen, die es zu lösen galt, argumentierte Kant, dass solche Widersprüchlichkeiten auf Fragen hinwiesen, die jenseits der Fähigkeit des menschlichen Verstandes lagen. In seiner *Kritik der reinen Vernunft* führt er an, dass es „transzendentale" Fragen gibt, für die gleichwertige, rationale und plausible Beweise für gegensätzliche Standpunkte existieren. Bezüglich des Problems des freien Willens sagt Kant, dass es gleichzeitig wahr ist, dass unsere bewussten Handlungen auf freiem Willen basieren, aber genauso, dass jede Ursache eine Wirkung hat (und so alles, was wir machen, vorbestimmt ist). Was die Existenz und Natur des Universums angeht – ist es nicht ebenso schwer, zu verneinen, dass es immer schon existiert hat, wie dass es einmal nicht existierte? Und gilt nicht ebenso, dass das Universum in seiner Größe unendlich ist, und dass das genauso gut bestritten werden kann?

Kant nannte solche Probleme „Antinomien" – im Grunde Paradoxe –, die weder von Vernunft noch von Erfahrung aufgeklärt werden können. Woher wissen wir, dass jede Ursache eine Wirkung hat und umgekehrt? Hume (von dem Kant beeinflusst war) sagte, dass diese Erkenntnis auf Erfahrung zurückzuführen ist. Öffnet sich eine Blüte in der Sonne, glauben wir, dass das Sonnenlicht die Ursache dafür ist. Aber warum glauben wir das? Machen wir eine spezielle „Ursache" aus? Nein, wir folgern es aus dem wiederkehrenden Zusammenfall der Ereignisse. Logik kann uns so etwas nicht beibringen, nur Erfahrung.

Erfahrungen mit Sinn

Kant nahm sich Humes Argument an, sah darin aber eine tiefere Option: Was ist, wenn wir solche Annahmen (z. B. jede Wirkung hat eine Ursache) nicht lernen, sondern dass sie Voraussetzungen für die Erfahrung selbst sind? Oder anders ausgedrückt: Wir müssen das annehmen, um unserer Erfahrung Sinn zu geben – eine Welt ohne diesen Ansatz wäre unverständlich. Und deswegen können einige transzendentale Fragen nicht beantwortet werden, weder durch Vernunft noch durch Erfahrung. Beispielsweise Kants Beispiel des Atomismus, der Idee, dass das

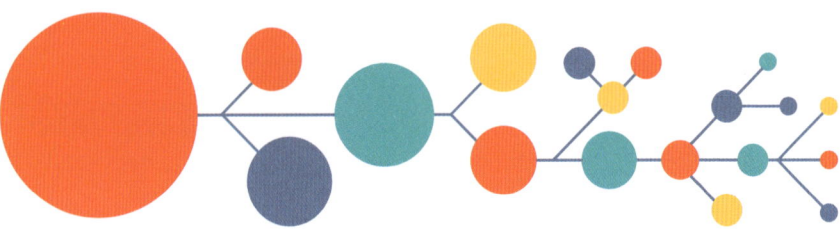

Universum aus winzigen, nicht reduzierbaren Elementen (Atomen) besteht. Die Physiker des 20. Jahrhunderts haben uns gezeigt, dass Atome spaltbar sind und entdeckten eine Fülle kleinerer, subatomarer Teilchen. Es ist erschreckend, darüber nachzudenken, dass das Teilen unendlich durchführbar ist. Dennoch würde auch das letzte Teilchen, das wir fänden, noch Dimensionen und Größe haben und daher vermutlich auch „Teile". Was ist hier die Lösung? Kant behauptet, dass beide Annahmen stimmen – dass die Welt aus einfachen Elementen besteht und dass alle Dinge komplex sind –, denn sie gründen sich auf Erfahrung. „Einfach" und „komplex" sind Größen, die aus unserer Erfahrung gebildet wurden, sie können nicht dafür herausgezogen werden, über die Natur von Erfahrungen als Ganzes zu folgern.

Kants transzendentale Methode

Sollen wir es vielleicht einfach aufgeben, solche Fragen zu beantworten? Nicht unbedingt. Kant beispielsweise kritisiert viele der traditionellen Gottesbeweise und lehnt sie ab, aber er bietet ein alternatives Argument an: Damit Moralverhalten als vernünftig gewertet werden kann, muss ihm eine Gerechtigkeit zugrunde liegen (sonst wäre es irrational, moralisch zu handeln). Gerechtigkeit geschieht nicht immer auf der Erde, also muss sie nach dem Tod im Himmel durchgesetzt werden, durch Gott. Ich vereinfache den Gedanken hier sehr, aber er zeigt auch so Kants andere Herangehensweise (die transzendentale Methodenlehre): Statt zu fragen, ob Gott existiert, wollte er wissen, was notwendig ist, damit Moral vernünftig ist. Dies ist eine indirekte Argumentation, die die Art Paradoxon (Antinomie) vermeidet, die traditionelle Ansätze plagen.

DIE FLIEGE IN DER FLASCHE

Die Vorstellung, dass die menschliche Denkfähigkeit begrenzt ist – was verstehen wir, worüber können wir sprechen –, beschäftigte neben Kant auch andere Philosophen, der namhafteste von ihnen war Wittgenstein.

Wie an anderer Stelle gesehen, behauptete Wittgenstein, dass Sprache und Denken eng verbunden sind und beide durch menschliches Verhalten und Kultur geprägt wurden. Ein berühmter Gedanke von ihm ist: „Die Grenzen meiner Sprache sind die Grenzen meiner Welt", daher: „Was wir nicht denken können, darüber können wir nicht sprechen".

Daraus folgt, dass Paradoxien und andere Formen philosophischer Rätsel diese Grenzen freilegen – die Dinge, die man unmöglich denken oder aussprechen kann. Unter diesem Gesichtspunkt entpuppen sich viele traditionelle philosophische Kontroversen als Möchtegern-Probleme, simple Verwirrungen, begründet in unserer Unfähigkeit, die Grenzen unseres Denkens zu erkennen.

Verstehen wir diese Grenzen, entkommen wir unserer Verwirrung gleich einer Fliege, die schließlich doch aus der Flasche herausfindet, in der sie gefangen war.

Diverse Unmöglichkeiten

Die Behauptung, dass etwas unmöglich ist, ist fast ein Widerspruch in sich. Denn wenn etwas unmöglich ist, kann es nicht existieren. Wie kann man also etwas unmöglich nennen? Unmöglichkeit ist eher eine Form der notwendigen Nicht-Existenz. Das Unmögliche gibt es nicht, weil es nicht existieren kann. Es ist eine Art Nichts. Und wenn das Unmögliche nichts ist, kann nichts unmöglich sein.

Davon, was nicht ist

Eine alte philosophische Frage befasst sich mit der Existenz bzw. Nichtexistenz von Löchern. Ein Loch ist eher ein Nichts als ein Etwas – etwas, das fehlt. Dennoch kann man Löcher zählen, also gibt es sie. Und wenn es viele Löcher gibt, warum dann nicht eins? Wenn sich in einem Löcherkäse mehr Löcher als in diesem Argument befinden, hat der Käse mindestens ein Loch mehr als mein Argument. Und wenn es dieses Loch gibt, gilt das auch für jedes andere Loch.

Das Unmögliche hat viele Gemeinsamkeiten mit einem Loch. Unmöglichkeiten können buchstäblich nichts sein, aber man kann sie zählen und in überraschend viele Arten unterteilen. Man könnte fast sagen, dass es unmögliche Objekte in allen Größen und Formen gibt, wenn es nicht so wäre, dass es sie überhaupt nicht gibt.

Dennoch kann das Unmögliche nicht nur vorausgesetzt werden, es kann sogar entdeckt werden. So gibt es in der Physik das Gesetz des Energieerhalts (Energie kann nicht geschaffen oder vernichtet werden) und die Relativitätstheorie (nichts bewegt sich schneller als das Licht). Auch in der Mathematik bewies Gödel, dass eine allesumfassende Theorie der Arithmetik unmöglich ist (siehe S. 63). Somit ist es also möglich, verschiedene Arten von Unmöglichkeiten zu unterscheiden. Zudem gibt es unzählige Arten von unmöglichen Objekten. Unmöglich ist per Definition ein dehnbarer Begriff. Fast kann man sagen, dass viele Formen von Unmöglichkeiten möglich sind.

Praktisch oder für immer unmöglich

Es ist zu unterscheiden, was in der Praxis und was inhärent unmöglich ist. Was in der heutigen Praxis unmöglich ist, kann morgen durch eine neue technische Entwicklung Routine sein. Einst war es unmöglich, zum Mond zu fliegen, aber durch technische Fortschritte hat sich das geändert. Logisch gesehen war es jedoch immer schon möglich. Dieses Kapitel handelt von schwierigeren Unmöglichkeiten, die sich nicht auf praktische Hindernisse gründen. Wir suchen das inhärent unmögliche: Das, was niemals Realität werden kann.

Einfache oder kombinierte Unmöglichkeit

Die meisten Unmöglichkeiten bestehen aus Elementen, die für sich betrachtet möglich, aber zusammen nicht möglich sind. Ein innerer Widerspruch beispielsweise ist eine Behauptung, die an eine Verneinung gekoppelt ist. Jedes einzelne Element stimmt, aber sie schließen einander aus und können deshalb nicht beide wahr sein. Ein „verheirateter Junggeselle" ist unlogisch, da man nicht gleichzeitig verheiratet und nicht verheiratet sein kann. Satyrs, Kentauren und Sphinxe sind unmögliche Wesen, die sich aus möglichen Körperteilen zusammensetzen.

Eine kombinierte Unmöglichkeit ist somit ein unmögliches Ganzes, das aus möglichen Elementen besteht.

Gibt es jedoch auch ein wirklich unmögliches Objekt, das nicht aus möglichen Einzelteilen besteht? Oder muss man mindestens zwei Möglichkeiten falsch kombinieren, um eine Unmöglichkeit zu schaffen? Man kann sich sogar fragen, ob eine einfache Unmöglichkeit möglich ist. Aber wenn es schlichtweg unmöglich ist, ist es gerade ein gutes Beispiel für Unmöglichkeit. Und nach diesem Rätsel ist es vielleicht eine Erleichterung zu lesen, dass einfache Unmöglichkeiten zu komplex sind, um hier weiter auszuführen.

Unsinnig oder unmöglich

Es ist zwischen dem Unsinnigen und dem Unmöglichen zu unterscheiden. Das Unsinnige wird in manchen Bereichen der Philosophie als jede Behauptung definiert, die weder wahr noch unwahr sein kann. Das Unmögliche hingegen ist alles, was per Definition unwahr ist.

Urteilen Sie selbst:

„Tugend ist dreieckig."

„Das Frühstück ist der wichtigste Präsident des Tages."

Sie werden zweifellos zustimmen, dass diese Thesen nicht stimmen. Aber würden Sie sie auch unwahr nennen? Manche

EINE FRAGE VON WITTGENSTEIN

Wie spät ist es auf der Sonne? Gibt es eigentlich eine Antwort auf diese Frage? Kann es Morgen werden auf der Sonne? Ist es auf der Sonne nicht einmal täglich 4 Uhr? Wenn es (nur) unwahr ist, dass es dort nicht 4 Uhr ist, ist es dann früher oder später auf der Sonne?

Philosophen halten die Klassifizierung „unwahr" für zu viel des Guten. Denn die Sätze enthalten kategorische Fehler. So wird im ersten Satz ein Begriff aus der Ethik auf einen Begriff aus der Geometrie angewandt. Dieser Satz ist somit ein typisches Beispiel für eine unsinnige Behauptung und deshalb weder wahr noch unwahr.

Ein Argument gegen diese Sichtweise könnte sein, dass oben genannte Behauptungen per Definition unwahr und somit unmöglich sind. Wenn man auf diese Weise versucht, zwischen dem Unsinnigen und dem Unmöglichen zu unterscheiden, steckt man in der Behauptung fest, dass es unmöglich ist, dass es wahr wäre, dass die Tugend dreieckig ist. Der Unterschied an sich wird bedeutungslos und das Unsinnige schlichtweg unmöglich.

Transgressionen durch Transtivitat

Angenommen, eine Geschäftsfrau verbleibt geschäftlich in Frankfurt und vermisst ihre Familie in Berlin. Voller Heimweh sagt sie: „Wäre ich nicht in Frankfurt, dann wäre ich in Berlin." Wir dürfen annehmen, dass sie die Wahrheit spricht. In diesem Fall muss für diese Frau auch der folgende Satz wahr sein: „Wäre ich in Schweden, dann wäre ich nicht in Frankfurt."

Diese harmlose Kombination führt, ausgehend von einem über alle Zweifel erhabenes Prinzip zu einer unmöglichen Schlussfolgerung. Das Prinzip, das unter „Transitivität" bekannt ist, hat die Form eines gültigen Arguments: Wenn beide Prämissen wahr sind, muss die Schlussfolgerung auch wahr sein. Urteilen Sie selbst:
Wenn A, dann B.
Wenn B, dann C.
Also wenn A, dann C.

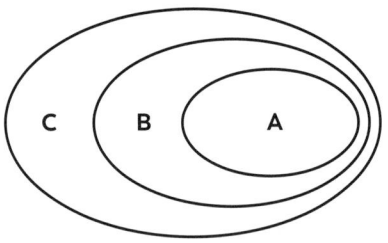

Durch diesen logischen Austausch könnte unsere einsame Reisende sagen: „Wenn ich in Schweden wäre, dann wäre ich in Frankfurt". Wie kann dieser geografische Unsinn nun die logische Folge von wahren Prämissen in einer gültigen Argumentation sein? Ist das Prinzip der Transitivität vielleicht falsch?

Das Prinzip an sich stimmt, wird hier jedoch falsch angewandt. Transitivität geht davon aus, dass der Satzteil B („nicht in Frankfurt") in beiden Prämissen das gleiche bedeutet, aber durch die Launen der Sprache ist das hier nicht der Fall. Wir verstehen intuitiv, dass man das Prinzip der Transitivität nicht ohne Weiteres auf diese Sätze anwenden kann, sondern sie erst näher analysieren muss.

Biologische Unmöglichkeit?
Es folgt ein weiteres Beispiel, bei dem Transitivität nicht gilt.
Wir beginnen mit der allgemeinen Definition einer Art, bei der zwei Individuen sich untereinander fortpflanzen können (ausgehend vom biologischen Prinzip, also irrelevante Faktoren wie Alter, Gelegenheit und Präferenzen werden ignoriert).
Angenommen, in einem See kommt eine spezifische Fischart vor. Durch eine katastrophale Klimaänderung trocknet der See aus, wodurch fünf kleinere, einzelne Seen entstehen, wobei in jedem See etwa ein Fünftel der ursprünglichen Population übrig bleibt. Nach einiger Zeit durchlaufen die einzelnen Gruppen unabhängig von einander eine Evolution, sodass die

Fische sich schließlich so von einander unterscheiden, dass es in manchen Fällen biologisch unmöglich ist, sie mit einander zu kreuzen. Gemäß unserer Definition kann man jetzt sagen, dass verschiedene Arten entstanden sind.

Angenommen, ein Biologe nimmt nun aus jedem See einige Exemplare mit. In seinem Labor gibt er alle Fische in das gleiche Aquarium. Bei seinen Versuchen beobachtet er Folgendes:

A kann sich mit B fortpflanzen.
B kann sich mit C fortpflanzen.
C kann sich mit D fortpflanzen.
D kann sich mit E fortpflanzen.
E kann sich nicht mit A fortpflanzen.

Wenn man das Prinzip der Transitivität anwendet, kann man hier sagen: Wenn A sich mit B, und B sich mit C, dann kann sich A auch mit C fortpflanzen. Indem man dieses Prinzip wiederholt anwendet, kann man schlussfolgern, dass A sich auch mit E fortpflanzen kann. Das jedoch stimmt nicht mit der Beobachtung überein.

Das gleiche Rätsel kann auch anders formuliert werden. Stellen Sie sich

Gruppen vor, die nicht durch physische Hindernisse, sondern zeitlich von einander getrennt sind. Die Menschen, die jetzt leben, könnten sich im Prinzip mit Menschen aus dem vorigen Jahrtausend fortpflanzen, die sich ihrerseits wieder mit Menschen aus dem Jahrtausend davor fortpflanzen könnten. Ausgehend von Transitivität scheint man zu beweisen, dass es niemals eine gesonderte Art gab, aus der der Mensch entstanden ist.

Wir wissen intuitiv, dass dies nicht der Fall sein kann, aber wo ist es schief gegangen? Liegt es an unserer Definition einer Art? Ist die Serie an beobachteten Fakten biologisch unmöglich? Oder taugt das Prinzip der Transitivität nicht?

Das obige Beispiel ist ein a priori Argument gegen die Evolution der Arten, wenn auch ein sehr schlechtes. Denn es weist in Wirklichkeit nach, dass unsere Definition einer Art nicht mit der Praxis der Evolution übereinkommt. So attraktiv sie auch ist, diese Definition ist ein Abstraktum, das höchstens begrenzt gültig ist. Arten verhalten sich eher wie Individuen (einzelne Zweige am Baum der Evolution) denn wie einzelne Klassen.

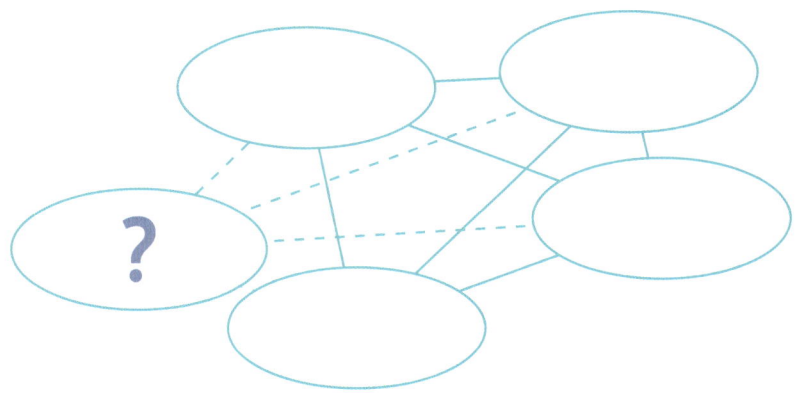

Unmögliche Objekte

Es ist Ihnen verziehen, wenn Sie glauben, dass das Unmögliche unvorstellbar ist. Aber etwas, das es nicht geben kann, ist etwas anderes als etwas, das man sich nicht ausdenken oder darstellen kann. Das Unmögliche ist manchmal vorstellbar. Unsere Fähigkeit, uns das Unmögliche vorzustellen, ist vielleicht begrenzt. Sie kann jedoch durch Abbildungen von unmöglichen Objekten angeregt werden. Das Unmögliche kann sogar auf allerlei Arten dargestellt werden, wobei wir überraschende Dinge über uns selbst entdecken.

Einige mögliche Figuren

Auch wenn die folgenden Konstruktionen physisch nicht realisierbar sind, so sind es dennoch hübsche Bilder. Das Unmögliche kann abgebildet werden und kollidiert auf angenehme Weise mit unseren Sinnen. Das unmögliche Objekt unten hat sich der schwedische Künstler Oscar Reutersvärd als eine Variation auf sein bekannteres unmögliches Dreieck ausgedacht. Das Objekt wird auch das Penrose-Dreieck genannt, nach Lionel und Roger Penrose, die diese Figur später wiederentdeckten.

Jeder Winkel dieser Figur ist räumlich kohärent, die Figur als Ganzes jedoch nicht. Jeder Winkel scheint aus einem

anderen Blickwinkel abgebildet zu sein. Die gesamte Perspektive ist verzerrt. Das Ergebnis ist die Abbildung einer unmöglichen Konstruktion.

Der Wissenschaftler Richard L. Gregory plädierte für einen Unterschied zwischen unmöglichen Figuren und unmöglichen Objekten. Das Penrose-Dreieck sei eine unmögliche Figur, aber kein unmögliches Objekt. Er machte diesen Unterschied aufgrund der Tatsache, dass ein dreidimensionales Objekt existiert, das – wenn man es von einem bestimmten Blickwinkel aus betrachtet – einem Dreieck gleicht. Verdeutlicht wird dies anhand der Abbildung unten, die zuerst ein Penrose-Dreieck zu

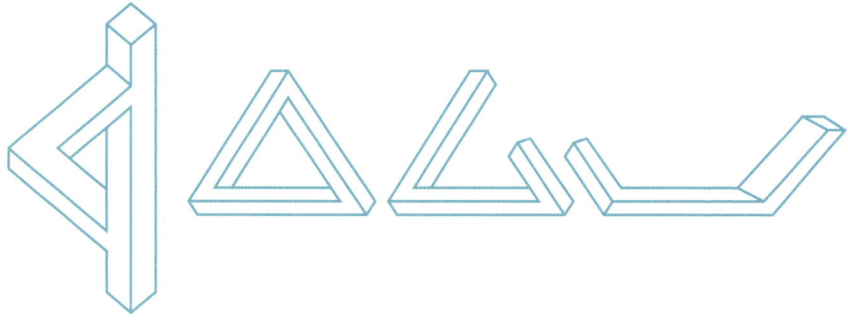

sein scheint, aber sobald die Perspektive sich ändert, wird die Illusion zerstört.

Von den hier abgebildeten Objekten wurden echte Exemplare angefertigt. Als würde man beweisen wollen, dass das Unmögliche doch existieren kann. Betrachtet man ein solches Objekt aus einem bestimmten Blickwinkel, scheint es den Raum, in dem es steht, ad absurdum zu führen.

Es ist anzumerken, dass das Penrose-Dreieck, im Gegensatz zu dem, was Gregory behauptet, eine mögliche Figur ist, wie daraus ersichtlich wird, dass die Figur einst bedacht und ihre Möglichkeit entdeckt wurde. Richtig ist jedoch, dass die Figur ein unmögliches Objekt darstellt. Ein Objekt, das es nicht in drei Dimensionen geben kann, obwohl es durch einen Perspektiventrick anders erscheint.

Dass es dreidimensionale Objekte gibt, die (aus einem bestimmten Blickwinkel) einem Dreieck ähneln, macht das Dreieck nicht zu einem möglichen Objekt. Es werden höchstens bis dahin unerwartete Mehrdeutigkeiten oder alternative Interpretationen der Figuren präsentiert. Diese dreidimensionalen Objekte zeigen, dass die optische Illusion des Penrose-Dreiecks nicht nur von einer zweidimensionalen Darstellung abhängig ist, sondern vielmehr auf Perspektive beruht.

Ein mögliches Dreieck?

Wie klug die Illusion einer Dreiecksskulptur auch ist, sie ermöglicht kein Dreieck. Das Dreieck ist eine mögliche Figur, aber letztendlich ein unmögliches Objekt, und zwar mit folgender Randbemerkung: Ein Dreieck, oder ein ähnliches unmögliches Objekt, kann dann zwar nicht in einem dreidimensionalen Raum bestehen, aber es

ist möglich, ein Animationsmodell davon zu machen. Dazu bedarf es nicht nur eines 3D-Computermodells, sondern das Modell muss sich auch dann ändern, wenn sich die Figur dreht oder sich der Blickwinkel ändert. Nur so kann die Illusion erhalten bleiben.

Die Teufelsgabel

Was Gregory betrifft, ist die Abbildung unten, bekannt als Teufelsgabel oder Blivet, wirklich ein unmögliches Objekt. Dazu ist anzumerken, dass es sich nur um die Abbildung eines unmöglichen Objekts handelt. Decken Sie die Ober- oder Unterseite der Abbildung ab, um den Effekt zu verstärken.

Zweimal hinsehen

Vielleicht kennen Sie das Stereoskop, ein Gerät, mit dem man drei-dimensionale Bilder betrachten kann. Wenn zwei Fotos in einem Stereos-kop das gleiche Thema von einem etwas anderen Standpunkt aus zeigen, werden sie vom Gehirn zu einem dreidimensionalen Bild verschmolzen. Diese Verschmelzung kann als unbewusste Schlussfolgerung auf Basis von Informationen aufgefasst werden, die sich von den beiden Bildern auf der Netzhaut ableiten lässt.

Hier folgt eine nette Unmöglichkeit: Ein Versuch, das Unvereinbare zu vereinen! Nehmen Sie zwei Rollen Karton (schneiden Sie z. B. eine leere Küchenrolle in der Mitte durch) und kleben Sie sie in Form eines Fernglases aneinander. Befestigen Sie an jedem Ende einer Rolle ein komplett ande-res Bild. Schauen Sie durch das Stereoskop und entspannen Sie Ihre Augen.

Jetzt entsteht das ungewöhnliche Phä-nomen der „binokularen Rivalität". Zuerst wetteifern die beiden Bilder miteinander. Sie fließen nicht ineinander über, sondern überlappen sich und schieben einander zur Seite. Schließlich jedoch herrscht ein Bild vor und verschwindet das andere kom-plett. Sie haben beide Augen geöffnet, aber Sie sehen nur ein Bild. Wo ist das andere Bild? Wenn man etwas länger hinsieht, erscheint das verschwundene Bild wieder und ersetzt das andere. Nach einer Weile wechseln die beiden Bilder sich ab. Als ob sie um Ihre Aufmerksamkeit kämpfen... Und so ist es auch!

Wie kann das sein? Jedes Auge bekommt ein ganz anderes Bild gezeigt. Beide Bilder sind sichtbar und aktivieren auch die verwandten Teile des visuellen Kortex. Jedoch ist die Signalverarbeitung eine andere. Weil beide Bilder nicht vereinbar sind, bilden sie zwei rivalisierende Hypothesen darüber, was das ist, was man sieht. Wenn die eine Hypothese überhand bekommt, wird das dazugehörige Signal besser verarbeitet. Der Gegenbeweis des anderen Bildes wird dann unterdrückt. Das Bild jedoch hält durch und bringt die erste Hypothese zum Wanken, bis eine andere Schlussfolgerung gezogen wird. Dann tritt das verschwundene Bild wieder in den Vordergrund und beginnt der Zweikampf erneut.

EIN PRAXISVERSUCH

Teil 1: Basteln Sie einen Würfel aus Metalldraht und befestigen Sie eine Ecke an einem Stock. Leuchten Sie mit einer Taschenlampe in einen dunklen Raum auf eine Wand, auf die der Schatten des Würfels fällt. Drehen Sie den Würfel. Was sehen Sie?

Teil 2: Bemalen Sie den Drahtwürfel mit fluoreszierender Farbe. Halten Sie anschließend den leuchtenden Würfel in einem dunklen Raum mit den Händen fest. Sie können die Umkehrung der Perspektive trotz des sichtbaren Gegenbeweises sehen. Das ist eine bizarre Beobachtung.

Beides ist unmöglich!

Eine ähnliche Rivalität entsteht bei bistabilen Figuren: Abbildungen, die auf zwei Arten interpretiert werden können. Auf der vorigen Seite sehen Sie eines der berühmtesten Beispiele: den Hasen-Enten-Kopf. Es kann nicht gleichzeitig eine Ente und ein Hase sein, also sieht man abwechselnd das eine und das andere.

Ein einfacheres Beispiel für eine instabile Figur ist der Neckerwürfel – der Würfel links oben in der Abbildung unten – bei dem die Vorder- und Rückseite des Würfels spontan umzuklappen scheint. Das Bild kann nicht gleichzeitig auf beide Weisen interpretiert werden, also wechselt es sich ab, was auf figurative Rivalität hinweist. Wenn das Gehirn herausfinden will, ob es Fehler gemacht hat, sucht es sich eine Alternative, die jeweils in den Vordergrund tritt.

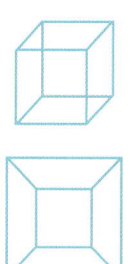

Die beiden Würfel daneben sind bistabile Figuren, die unvereinbare und widersprüchliche Interpretationen bieten. Sie sind eine Variante des Neckerwürfels und scheinen aus der Seite herauszuragen oder darin zu verschwinden. Die Zeichnung links unten kann als ein Würfel in Linienperspektive oder als abgeschnittene Pyramide betrachtet werden. Der große Würfel rechts ist jedoch ein unmögliches Objekt, das es im realen Raum nicht geben kann. Diese Illusionen suggerieren, dass unmögliche Objekte existieren können. Es ist keine kohärente strukturelle Beschreibung möglich und die sichtbar abweichenden Objekte brechen die Gesetze des Raums.

Sehen ist nicht gleich glauben

Sogar vier Monate alte Babys scheinen empfindlich für die Widersprüche zu sein, die den unten abgebildeten Würfel unmöglich machen. Bei Erwachsenen wurde bei Tests ein Gehirnsignal entdeckt, das mit dem Erkennen möglicher Objekte zusammenhängt, aber das gilt nicht für unmögliche Objekte mit einer vergleichbaren Komplexität. Angenommen wird, dass der Bereich des Gehirns, der dieses Signal sendet, für das Erkennen der dreidimensionalen Struktur von Objekten verantwortlich ist.

Absolut unmöglich

Angenommen, ein allwissendes Wesen ist ein Wesen, das alle Wahrheiten kennt. Denken Sie jetzt über Folgendes nach: „Die Wahrheit dieser Behauptung ist bei keinem Wesen bekannt." Wenn diese Behauptung unwahr ist, kann niemand sie wissen, auch kein allwissendes Wesen. Aber wenn die Wahrheit keinem einzigen Wesen bekannt ist, muss die Behauptung richtig sein.

Jedes allwissende Wesen gemäß dieser Definition wird deshalb wissen, dass die Behauptung wahr ist. Das jedoch steht im Widerspruch zur Behauptung. Daraus folgt, dass kein einziges Wesen alle Wahrheiten kennt. Oder es gibt entweder kein allwissendes Wesen, oder Allwissenheit ist nicht das gleiche wie alles wissen.

Das Paradoxon des Steins

Kann Gott einen Stein so schwer machen, dass er ihn selbst nicht tragen kann? Wenn Sie „ja" sagen, behaupten Sie, dass Gott etwas nicht kann (den Stein tragen). Wenn Sie „nein" sagen, behaupten Sie ebenfalls, dass Gott etwas nicht kann (den Stein schaffen). Dass für Gott offensichtlich etwas unmöglich ist, scheint seine vorausgesetzte Allmacht in Gefahr zu bringen. Wenn man annimmt, dass Gott allmächtig ist und dabei auch diesen Stein berücksichtigt, scheint das auf einen logischen Widerspruch hinauszulaufen.

Widerspricht sich nun die Idee der Allmacht selbst? Oder umfasst Gottes Macht sogar etwas, das inhärent unmög-lich ist?

Gläubige können dieses Paradoxon auf verschiedene Weisen beantworten. Ein Gläubiger kann die Schlussfolgerung akzeptieren, dass Gott einen solchen Stein nicht schaffen kann, jedoch verneinen, dass dies seine unendliche Macht

begrenzt. Wenn das Unmögliche machbar wäre, wäre es schließlich nicht unmöglich.

Eine andere Herangehensweise erkennt ebenfalls an, dass Gott keinen Stein erschaffen kann, den er nicht tragen kann, beweist jedoch anhand eines ganz anderen Arguments, dass es trotzdem nichts gibt, was Gott nicht kann. Gottes Allmacht erfordert nur dies: Gott kann einen Stein mit jeglichem Gewicht erschaffen und er kann jeden Stein mit jeglichem Gewicht tragen. Somit gibt es keine Grenzen für das Gewicht der Steine, die Gott erschaffen oder tragen kann. Dennoch gibt es keinen Stein, den Gott erschaffen, aber nicht tragen kann.

Fazit: Gott kann jeden Stein tragen, den er erschafft.

Das bedeutet anders formuliert, dass Gott keinen Stein erschaffen kann, den er nicht tragen kann. Wenn Gott das nämlich könnte, käme das seinem Ruf nicht zugute. Wenn er jedoch keinen Stein erschaffen kann, den er nicht tragen kann, ist das seiner unbegrenzten Macht zu verdanken.

Das Problem bei dieser Lösung ist, dass „grenzlos große Gewichte" ein vollkommen inkohärenter Begriff ist. Unendliche Massen und die Schwerkraft leiden an einer physischen Inkohärenz, für die Gott keine Rechenschaft schuldig ist. Wie auch immer, gibt es für Gläubige vielleicht eine noch radikalere Möglichkeit.

Wunder oder Widerspruch?

Jesus sagt: „Und weiter sage ich euch: Es ist leichter, dass ein Kamel durch ein Nadelöhr geht, als dass ein Reicher ins Reich Gottes kommt." Als die Jünger dies hörten, waren sie entsetzt und fragten: „Ja, wer kann denn dann selig werden?" Jesus sah sie an und sprach zu ihnen: „Bei den Menschen ist's unmöglich, aber bei Gott sind alle Dinge möglich." (Matthäus 19:24-26).

Physisch gesehen ist es unmöglich, ein Kamel durch ein Nadelöhr gehen zu lassen. Dazu bedürfte es eines Wunders, eine Verletzung der Naturgesetze. Es wäre wundersam, aber damit noch keine logische Unmöglichkeit oder ein Widerspruch in sich. In der Geometrie könnte es sogar eine These sein (siehe: „Die Erbse und die Sonne", S. 144-145).

Ein gläubiger Mensch kann anschließend fragen: Wird Gott durch logische Unmöglichkeiten begrenzt, oder liegt sogar der logische Widerspruch innerhalb von Gottes Bereich? Wenn alles möglich ist, muss sogar das Unmögliche möglich sein. Wenn nichts unmöglich ist, muss – wiederum – sogar das Unmögliche möglich sein.

Der Glaube an das Unmögliche

Wenn Gott die Gesetze der Natur und die der Logik geschaffen hat, dann kann er sie auf Wunsch doch auch aufheben? Diese Sichtweise scheint René Descartes gehabt zu haben:

„Die mathematischen Wahrheiten (…) wurden von Gott geschaffen und sind vollständig von Ihm abhängig, genau wie der Rest Seiner Geschöpfe. (…) Man sagt, wenn Gott diese Wahrscheiten schuf, dann muss Er auch in der Lage sein, sie zu ändern, wie ein König seine Gesetze. Darauf kann man nur antworten, dass das korrekt ist. (…) Im Allgemeinen können wir mit großer Sicherheit sagen, dass Gott alles kann, was wir begreifen können, aber nicht, dass Er nicht kann, was wir nicht begreifen können. Denn es wäre hochmütig zu denken, dass unsere Vorstellung genauso weit reicht wie Seine Macht."
Descartes, in einem Brief an Mersenne, 15. April 1630.

An einem kritischen Augenblick rügt Jesus seine Jünger, die durch ihren Mangel an Glauben nicht in der Lage sind, Wunder zu verrichten: „Wenn ihr Glauben habt wie ein Senfkorn, so könnt ihr sagen zu diesem Berge: „Hebe dich von hinnen, dorthin!", so wird er sich heben. Euch wird nichts unmöglich sein." (Matthäus 17:20-21). Also ist sogar gewöhnlichen Menschen nichts unmöglich, wenn nur ihr Glaube stark genug ist. Vielleicht ist das die wahre Erprobung eines Glaubens: dass man in der Lage ist, das Unglaubliche zu glauben.

Die Erbse und die Sonne

Ob Sie es glauben oder nicht, man kann eine massive Kugel in fünf Teile trennen (wovon einer nur aus einem einzigen Punkt besteht), und diese Teile mithilfe von starren Bewegungen wie Translation und Rotation - oder Bewegungen, die die Teile nicht auseinanderziehen oder verformen - wieder zu zwei Kugeln zusammenzufügen, die genauso groß sind wie die ursprüngliche Kugel.

Wenn man wollte, könnte man eine Kugel in fünf nicht überlappende Teile zerteilen, um diese mit starren Bewegungen zu einer anderen Kugel mit jedem gewünschten Volumen zusammenzufügen. Eine Kugel in der Größe einer Erbse kann getrennt und erneut zu einer massiven Kugel in der Größe der Sonne zusammengesetzt werden.

Kann so etwas Widerintuitives wahr sein? Ja! Wenn auch nur auf dem Gebiet der theoretischen Geometrie. Diese bizarre Tatsache wird das Banach-Tarski-Paradoxon genannt, nach Stefan Banach und Alfred Tarski, zwei große polnische Mathematiker, die dies in den 20er Jahren des vorigen Jahrhunderts bewiesen.

Es ist ein Paradoxon, weil es der Intuition widerstrebt. Aber es ist kein wirkliches Paradoxon. Es ist notwendigerweise wahr und kann von gängigen mathematischen Prinzipien abgeleitet werden.

Die Illusion der Solidität

Dass etwas ein Paradoxon erscheint, leitet sich zum Teil von Missverständnissen über Solidität ab. Sogar ein großer Philosoph wie John Locke fand es schwierig, Solidität losgelöst von Körpern zu sehen. Der Raum war zwar leer, so dachte er, aber die Körper in diesem Raum waren fest. Somit konnten nicht zwei Körper gleichzeitig den

gleichen Platz einnehmen. Heutzutage zerbricht man sich den Kopf über das Rätsel des Physikers James Jeans. Er wies darauf hin, dass alltägliche feste Objekte wie Wände und Tische aus Atomen bestehen, die ihrerseits zum Großteil aus leerem Raum bestehen, wodurch folglich auch die alltäglichen Gegenstände aus leerem Raum bestehen. Dagegen ist einzuwenden, dass Objekte nicht aus dem Raum bestehen, den sie einnehmen.

Ironischerweise ist nur ein mathematischer Körper ganz und gar fest. Als theoretischer Körper hat er jedoch keine Masse. Die mathematische Kugel ist eine feste Kugel aus geometrischem Raum. Anders formuliert, sie wird aus einer Sammlung von Punkten gebildet, die einen kugelförmigen Teil des Raums beschreiben. Geometrischer Raum besteht aus Punkten, die anhand ihrer realen Koordinaten definiert werden können. Genau wie die reale Linie aus Punkten besteht, die mit realen Zahlen korrespondieren, so wird der dreidimensionale Raum durch geordnete Dreiergruppen aus realen Zahlen dargestellt (die

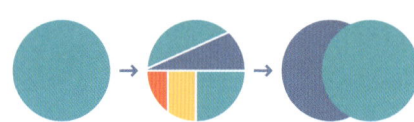

die Koordinaten von Punkten im Raum angeben). Eine Kugel ist somit eine unendliche Menge von Punkten, und die Teile der Kugel sind eine Teilmenge dieser Menge.

Die erforderlichen Teilmengen sind separate Teilmengen, die zusammen die ursprüngliche Kugel bilden. Diese Teilmengen sind unüblich und ähneln nicht den Teilen, in die man eine Erbse oder eine Kugel aufteilen könnte. Es geht nicht um die Verteilung von Masse, denn unsere mathematische Kugel hat keine Masse. Da manche Teilmengen aus gestreuten Punkten bestehen, haben sie nicht einmal ein Volumen. Dadurch können sie erneut geordnet und zu einem festen Körper mit einem anderen Volumen zusammengesetzt werden.

Es ist unmöglich, den Beweis hierfür gänzlich zu erbringen, aber wir können einen allgemeinen Ansatz machen. Zunächst bewiesen Banach und Tarski ihre These, indem sie das gleiche Ergebnis des deutschen Mathematikers Felix Hausdorff verallgemeinerten. Hausdorffs Theorie beinhaltet, dass eine Kugel (bzw. die Oberfläche einer mathematischen Kugel) in zwei gleiche Exemplare von sich selbst geteilt werden kann. Anders gesagt: Ein Hohlkörper kann geteilt werden, wonach die Teile zu zwei Körpern neugeordnet werden können. Banach und Tarski wandten dies auf eine feste Kugel an, anstatt nur auf eine Oberfläche, indem sie die Kugel als ineinander passende Kugeln (vergleichbar mit den Schalen einer Zwiebel) auffassten.

Unendlicher Wortschatz
Die Idee der Verdoppelung kann jedoch anhand eines besonderen Wörterbuchs erläutert werden, das in zwei gleiche Teile teilbar ist. Angenommen, es handelt sich

bei diesem Wörterbuch um eine Liste mit allen möglichen endlichen Wörtern mit zwei Buchstaben, z. B. A und B. Jede endliche Aneinanderreihung von A-s und B-s bildet in dieser Sprache ein Wort und alle Wörter können alphabetisch sortiert werden. Alle Wörter sind endlich, aber die Anzahl der möglichen Wörter ist unendlich. Nach dem ersten Druck als ein Teil erscheint das Buch in zwei Teilen: Der eine Teil enthält alle Wörter mit dem Anfangsbuchstaben A, der andere Teil alle Wörter mit dem Anfangsbuchstaben B. Weil in jedem Teil alle Wörter mit dem gleichen Buchstaben beginnen, hielt man es für überflüssig, diese zu wiederholen. Bei der Neuausgabe sind in Teil eins alle Wörter mit Anfangsbuchstaben A und in Teil zwei alle mit Anfangsbuchstaben B weggelassen.

Das paradoxale Ergebnis ist, dass die beiden Teile nun identisch sind und sie sind identisch mit der ursprünglichen einteiligen Ausgabe. So eine Verdoppelung tritt auch bei Hausdorff auf, nur geht es in dem Fall um die Rotationsreihen der Kugeln.

Wie geht ein Kamel durch das Nadelöhr?
Wenn man eine Erbse in separate Teile aufteilen kann, die man zu einer Kugel zusammenfügen kann, die so groß wie die Sonne ist, so ist es nicht verwunderlich, dass man ein kamelgroßes Gebiet des Raums aufteilen und aus diesen Teilen ein Kamel zusammensetzen kann, das durch ein Nadelöhr passt. Ein Wunder trotzt den Naturgesetzen. Aber das Banach-Tarski-Paradox ist ein mathematisches Gesetz.

Das Giftparadox

DIE AUFGABE:

Angenommen, ein Milliardär mit einer Vorliebe für Paradoxien macht Ihnen einen Vorschlag, dessen Bedingungen bis ins Detail von Rechtsanwälten und Experten bestätigt wurden. Sie bekommen 1 Million Euro, wenn Sie sich um 12 Uhr heute Nacht vornehmen, morgen um zwölf Uhr mittags eine bestimmte Handlung zu verrichten. Sie brauchen die Handlung nicht auszuführen. Es reicht, dass Sie sich um Mitternacht vornehmen – alleine auf der Grundlage dieses Vorschlags –, dass Sie sie morgen durchführen. Um Mitternacht wird ein Gehirnscan eindeutig nachweisen, ob Sie wirklich vorhaben, das zu tun oder nicht.

Sie werden gebeten, sich vorzunehmen, ein bestimmtes Gift zu trinken. Sie werden 24 Stunden lang sehr krank sein, jedoch ohne Nachwirkungen vollständig genesen. Um diese 1 Million Euro zu bekommen, müssen Sie sich nur um Mitternacht vornehmen, das Gift am nächsten Tag einzunehmen. Beweisen Sie, dass ein solches Vornehmen nicht möglich ist.

DIE METHODE:

Es scheint nicht unmöglich, denn nichts ist so einfach, als sich etwas vorzunehmen. Schon gar nicht, wenn nicht einmal von Ihnen erwartet wird, dass Sie Ihr Vorhaben auch wirklich ausführen. Ohne die hohe Geldbelohnung würde niemand das Gift freiwillig nehmen, aber 1 Million Euro zu kassieren, genießt eindeutig den Vorzug vor der Vermeidung der Erkrankung infolge der Vergiftung. Hinzu kommt, dass Sie nicht bestraft werden,

wenn Sie die Handlung nicht ausführen und sich einen Tag Elend ersparen. Ein vernünftiger Mensch wird sich also zuerst vornehmen, das Gift zu trinken, aber es später doch nicht tun. Das ist nicht gegen die Regeln, denn für die 1 Million Euro braucht man die Handlung nicht zu verrichten.

Aber hier entsteht ein Problem. Wenn man sich um Mitternacht vornimmt, morgen das Gift zu trinken, beinhaltet das, dass man nicht vorhat, es dann doch nicht zu tun. Man kann sich nicht aufrichtig vornehmen, etwas zu tun und sich gleichzeitig vornehmen, es nicht zu tun. Man könnte so tun als ob, aber der Lügendetektor wird die Lüge registrieren. Man kann sich also nicht wirklich vornehmen, etwas zu tun, wovon man weiß, dass man es später nicht tun wird. Es sieht so aus, dass unser exzentrischer Milliardär keinen Cent verlieren wird.

Man kann sich verschiedene Listen ausdenken, um die Million doch noch einzustreichen. Sie könnten die Tatsache, dass man das Gift nicht trinken wird, wenn es nicht mehr notwendig ist, ignorieren und sich ausschließlich auf das Vorhaben konzentrieren, es doch zu tun. Sie könnten das Vorhaben bekräftigen, indem Sie an das Geld denken und nicht an die Beschwerden, die Sie erleiden werden. Das jedoch ist eine Form des Selbstbetrugs: Sie reden sich selbst ein, dass etwas nicht wahr ist, während Sie genau wissen, dass es wahrscheinlich wohl wahr ist. Das jedoch ist nicht von Erfolg gekrönt, denn wenn man sich selbst etwas einredet, redet man auch anderen was ein. Man muss es also wirklich vorhaben und niemand, auch man selbst nicht, darf einem eingeredet haben, dass man es vorhat. So feinfühlig ist der Lügendetektor nun einmal.

Übrigens entsteht durch die Selbsttäuschung wieder ein anderes Paradoxon, denn wie kann man sich selbst täuschen, wenn man selbst alle Pläne aussheckt, um sich selbst zu täuschen. Um andere zu täuschen, dürfen sie nicht wissen, dass sie getäuscht werden. Bei Selbsttäuschung ist es unmöglich, nicht zu wissen, dass man getäuscht wird, denn die List, die man anwendet, ist schließlich die eigene, und somit kennt man sie.

Vielleicht könnten Sie zusätzliche Maßnahmen ergreifen, die Sie um Mitternacht dazu zwingen, sich vorzunehmen das Gift einzunehmen. Sie könnten juristisch festlegen lassen, dass Sie 10 Millionen Euro bezahlen müssen, wenn Sie morgen um 12 Uhr versäumen, das Gift zu trinken. Dann haben Sie einen guten Grund, das Gift rechtzeitig zu nehmen, obgleich Sie das streng genommen nicht zu tun brauchen (das Vorhaben alleine reicht schließlich). Der Milliardär hat jedoch festgelegt, dass Sie Ihr Vorhaben nur auf seinen Vorschlag basieren dürfen. Zusätzliche Anreize sind somit ausgeschlossen.

DIE LÖSUNG:

Gregory Kavka hat sich dieses Paradoxon ausgedacht. Er schlussfolgerte, dass „man sich nicht alles vornehmen kann, was man will", dass „Intentionen nur zum Teil freiwillig sind", und dass „Intentionen von Handlungsgründen auferlegt werden". Auf die gleiche Weise können wir nicht alles glauben, was wir wollen. Glaube kann nicht zufällig sein, denn er wird durch Gründe zu glauben auferlegt.

Intentionen sind nicht nur Entscheidungen, die man gedanklich hat, es sind Facetten der tatsächlichen Handlungen. Die Intention bildet Teil der Handlung, die nicht nur in Gedanken stattfindet, sondern auch in der Gesellschaft und der Welt, die man sich mit anderen teilt.

Kapitel 8

Entscheidungen treffen

Viele Paradoxien in diesem Buch beruhen auf Theorie, Fiktion oder seltsamen mathematischen Fakten. Die Wahrscheinlichkeit aber, dass wir in unserem Alltag unmöglichen Objekten begegnen, ist klein. Viele Paradoxien jedoch beeinflussen unsere Entscheidungen und unser Handeln. Manche davon haben sogar neue Forschungsgebiete hervorgebracht. In diesem Kapitel besprechen wir praktische Rätsel, die sich auf Motivation, Vorzüge, Kenntnisse und Glück, aber auch moralischen Zufall und Verantwortlichkeit beziehen.

Buridans Esel

Obwohl dieses Paradoxon dem mittelalterlichen Philosophen Johannes Buridan (1295-1356) zugeschrieben wird, hat es sich wahrscheinlich ein Rivale ausgedacht, der Buridan verspotten wollte.

Determinismus und Fatalismus

Bevor wir das Paradoxon untersuchen, müssen wir erst zwei Begriffe definieren:

- Determinismus ist die philosophische Lehre, die besagt, dass alles von einer ununterbrochenen Kette von Ursachen vorherbestimmt ist.
- Fatalismus ist die Überzeugung, dass Menschen die Zukunft nicht ändern können, weil alles bereits feststeht.

Buridans Esel

Ein hungriger Esel steht genau zwischen zwei gleich großen Heuhaufen. Er verhungert, weil er sich nicht entscheiden kann, von welchem er fressen soll.

Dies erscheint in erster Linie kein Paradoxon, sondern nur eine seltsame Geschichte, die besagen will, wie schwierig es ist, eine Entscheidung zwischen zwei exakt gleichen Möglichkeiten zu treffen. Das Paradoxon wird jedoch deutlich, wenn man das Dilemma des Esels durch Buridans Brille über den freien Willen betrachtet.

Buridan ging von einem moralischen Determinismus aus, der besagte, dass der Mensch bei Abwägungen immer das größere Gut wählen wird. Der Wille könne dabei nicht unabhängig vom Intellekt handeln, sondern neige stets zu der Alternative, die der Intellekt als das Wünschenswerteste betrachte.

Wenn der Intellekt zwei Alternativen als gleich ansieht, wird es, so Buridan, unmöglich zu wählen. Es gibt keinen unabhängigen Willen mit der Fähigkeit, spontan oder willkürlich Entscheidungen zu treffen.

Das Paradoxon des hungrigen Esels kann deshalb als ein *reductio ad absurdum* betrachtet werden. Es ist dazu gedacht, Buridans Doktrin des Willens und des Intellekts zu widerlegen. Buridans Sichtweise impliziert, dass wir in einer mit dem Esel vergleichbaren Situation ebenfalls verhungern würden. Aber das ist absurd, denn wir wissen, dass wir in Wirklichkeit eine Entscheidung treffen würden.

Fatale Törtchen?

Angenommen, Sie haben Hunger und können sich zwischen zwei gleichen Törtchen entscheiden. Wenn alle Ihre Entscheidungen und Handlungen ursächlich bestimmt würden und keine Ursache vorliegt, eines der beiden Törtchen vorzuziehen, wie können Sie dann eine Entscheidung treffen? Implizit erscheint es unmöglich, eine Wahl zu treffen, und trotzdem würden Sie wählen. Oder etwa nicht?

BURIDANS BRÜCKE

Buridan hat sich vielleicht nicht diesen Esel ausgedacht, wohl aber dieses Paradoxon.

Sokrates will eine Brücke überqueren. Plato, der Brückenwächter, sagt: „Wenn deine nächste Aussage wahr ist, lasse ich dich durch. Wenn nicht, werfe ich dich ins Wasser." Nach einem Augenblick des Nachdenkens antwortet Sokrates schmunzelnd: „Du wirst mich ins Wasser werfen."

Kann Plato Wort halten?

LÖSUNG

Nein. Denn wenn er Sokrates ins Wasser wirft, hätte Sokrates die Wahrheit gesprochen und hätte er ihn vorbeigehen lassen müssen. Wenn er Sokrates vorbei lässt, sprach Sokrates nicht die Wahrheit und hätte er ihn ins Wasser werfen müssen.

CHRYSIPPS KROKODIL

Die Inspiration für das vorige Paradoxon ist vielleicht dieses ältere, Chrysipp zugeschriebene Rätsel von einem Krokodil.

Eine Frau geht mit ihrem Kind an einem Fluss entlang. Ein Krokodil kommt aus dem Wasser, entreißt ihr das Kind und sagt: „Ich gebe dir dein Kind zurück, wenn du folgende Frage richtig beantwortest: Was glaubst du, will ich mit dem Kind tun?"

Welche Antwort kann die Frau am Besten geben?

LÖSUNG

Sie muss antworten: „Du willst es behalten." Wenn das Krokodil das Kind wirklich behalten will, muss es es zurückgeben.

Kenntis und freier Wille

Bertrand Russell fasst in seinem Essay „The Art of Rational Conjecture"
die biblische Geschichte über den Sündenfall zusammen: „Gott verbot
Adam und Eva, von der Frucht eines bestimmten Baums zu essen. Als sie
es dennoch taten, zürnte er ihnen, obwohl er immer gewusst hatte, dass
sie ihm nicht gehorsamen würden." Russell hat da Recht. Es erscheint
seltsam, dass der Allmächtige den Menschen einer Prüfung unterwirft,
weiß, dass sie scheitern werden und anschließend zornig darüber wird.

Vorkenntnis oder freier Wille

Wenn Gott genau gewusst hat, dass Adam
und Eva von der verbotenen Frucht essen
würden, wie hätten sie dann etwas anderes
tun können? Der Versuchung widerstehen
würde bedeuten, dass Gottes Kenntnis
nicht unfehlbar ist.

Allgemeiner gesagt: Wenn Gott vorher
genau weiß, was jeder Mensch tun wird,
kann es keinen freien Willen geben. Warum
nicht? Wenn Gott die Zukunft kennt, steht
die Zukunft fest. Und wenn sie feststeht,
kann niemand sie ändern. Und wenn man
sie nicht ändern kann, ist der freie Wille
eine Illusion.

Umgekehrt: Wenn wir Menschen einen
freien Willen haben, woher weiß Gott
dann, was wir in Zukunft tun werden? Er
kann das nicht anhand von deterministi-
schen Gesetzen voraussagen, denn dann
ist unser Wille nicht mehr frei. Wie kann
jemand - sogar Gott - wirklich spontane
Entscheidungen voraussagen?

Entweder Gott kennt die Zukunft und
es gibt keinen freien Willen, oder es gibt
einen freien Willen, aber Gott weiß nicht,
was die Zukunft bringt. Wer dabei bleibt,
dass Gott die Zukunft kennt und dass der
Mensch einen freien Willen hat, steht vor
einem Dilemma. Er muss entweder seine

Überzeugung aufgeben, oder eine Lösung
für das Paradoxon finden.

Augustinus und Cicero

Der christliche Philosoph Augustinus
von Hippo (354-430) befasst sich mit
diesem Problem in Buch V der De civitate
Dei. Für ihn galt: „Der gläubige Geist
wählt beides, bekennt sich zu beidem und
verkündet beides durch den frommen
Glauben." Er war sich der Bedenken klar,
die die Einhaltung beider Thesen mit sich
brachte und die der römische Philosoph
und Politiker Cicero (106-43 v.Chr.) so
formulierte:

„Wenn Gott alles Zukünftige bereits
weiß, muss es eine bestimmte Reihenfolge
von Dingen geben, die er ebenfalls kennt.
Und wenn es eine bestimmte Reihenfolge
von Dingen gibt, besteht auch eine gewisse
Reihenfolge von Ursachen, nach denen die
Dinge stattfinden. Aber wenn alles gemäß
einer bestimmten Reihenfolge geschieht,
ist alles, was geschieht, unvermeidlich.
Fazit: „Nichts liegt in unserer Macht und
es gibt keinen freien Willen."

Augustinus indessen akzeptiert, dass es
eine gewisse Reihenfolge von Ursachen
gibt, die unvermeidlich zu einer voraussteh-
baren Zukunft führt. Er streitet jedoch ab,

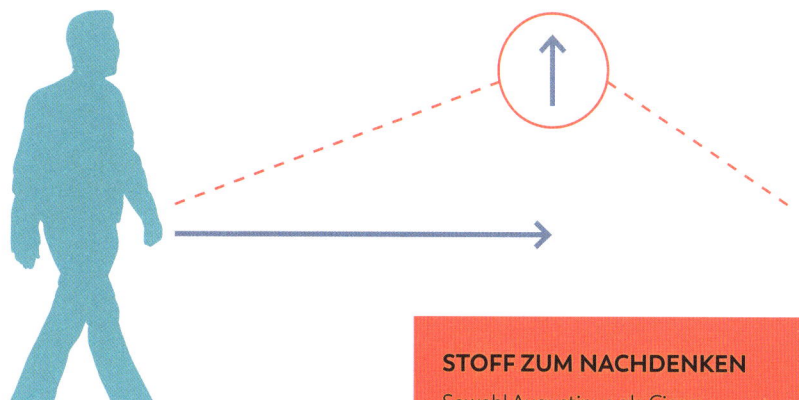

dass dies den freien Willen des Menschen gefährdet.

Er sagt, dass jede unserer Entscheidungen von zwei Faktoren bestimmt wird: die äußeren Umstände und die innere Wirkung des Willens. Gott jedoch hat die vollkommene Kenntnis beider, also ist er in der Lage, Handlungen einwandfrei vorauszusagen.

Dies widerspricht der Freiheit des Handelns nicht, denn man handelt nach seinem Willen. Nur Gott weiß genau, wie man seinen Willen ausüben wird.

Augustinus meint somit, dass die Vorkenntnis Gottes und der freie Wille des Menschen ausgezeichnet vereinbar sind. Das eine schließt das andere nicht aus.

STOFF ZUM NACHDENKEN

Sowohl Augustinus als Cicero nehmen an, dass göttliche Vorkenntnis beinhaltet, dass Gott künftige Handlungen und Ereignisse voraussagen kann. Manchen zufolge ist es jedoch nicht notwendig, dass Gott die Zukunft voraussagt. Er nimmt sie einfach nur wahr. Weil er außerhalb der Zeit existiert. Für ihn sind Vergangenheit, Gegenwart und Zukunft ein und dasselbe.

· Ist diese Erklärung für Gottes Vorkenntnisse einfacher mit dem freien Willen zu vereinbaren?
· Die Idee, dass Vergangenheit, Gegenwart und Zukunft gleich existent sind, ist in der Wissenschaft als „Blockuniversum" bekannt (siehe S. 126-127). Wird es damit logischer, dass Gott die Zukunft wahrnehmen kann, ohne dass er sie vorauszusagen braucht?

Der Voraussager

Dieses schöne, aber auch frustrierende Rätsel hat sich 1960 William A. Newcomb, ein amerikanischer Physiker ausgedacht. Beliebt wurde es später durch den Philosophen Robert Nozick und es ist im Allgemeinen bekannt als Newcombs Problem.

Eine Box oder zwei?

Vor Ihnen stehen zwei Boxen: A und B. Sie sehen nicht, was sich darin befindet, wissen aber aus zuverlässiger Quelle, dass Box A 1000 Euro enthält und Box B entweder 1 Mio. Euro oder gar nichts.

Sie dürfen wählen. Sie dürfen beide Boxen öffnen und behalten, was sich darin befindet, oder nur Box B öffnen und ihren Inhalt behalten. So formuliert, brauchen Sie nicht lange nachzudenken. Aber kurz bevor Sie die Boxen öffnen wollen, bekommen Sie einige Zusatzinformationen.

Der Voraussager

Die Boxen wurden kurz vorher von einem Wesen gefüllt, das als der Voraussager bekannt ist.

Dabei kann es sich um Gott handeln, einen Gehirnscanner, einen talentierten Hellseher oder ähnliches. Wichtig ist, dass dieses Wesen in der Lage ist, sehr genau voraussagen zu können, welche Entscheidung Sie treffen werden.

Der Voraussager hat die Boxen anhand folgender Regeln gefüllt: Bei der Voraussage, dass Sie nur Box B öffnen, tut das Wesen 1 Mio. Euro in Box B. Bei der Voraussage, dass Sie beide Boxen öffnen, belässt er Box B leer. In beiden Fällen hat der Voraussager 1000 Euro in Box A gesteckt. Öffnen Sie beide Boxen, oder nur Box B? Entscheiden Sie sich, bevor Sie weiterlesen.

Eine Box oder zwei

Als Robert Nozick seinen Freunden, Kollegen und Studenten dieses Rätsel vorlegte, entdeckte er, dass fast jedem die richtige Entscheidung klar war. Das Problem war nur, dass – so Nozick – „das Rätsel die Menschen in zwei Lager verteilte, wobei viele die Entscheidung des anderen Lagers für vollkommenen Unsinn halten".

Die Welt scheint also aus zwei verschiedenen Arten von Menschen zu bestehen: Die „Ein-Boxer" und die „Zwei-Boxer". Hier die Argumente der beiden Lager:

Für das Öffnen von nur einer Box spricht das Argument, dass der Voraussager Ihre Entscheidung vorausgesehen und Box B leer belassen hat, wenn Sie beide Boxen öffnen wollen. Also bekommen Sie nur 1000 Euro. Wenn Sie jedoch nur Box B öffnen, wird der Voraussager Ihre Entscheidung vorausgesehen haben und 1 Mio. Euro hinein getan haben. Somit ist klar, dass Sie nur B öffnen müssen.

Das Argument für das Öffnen beider Boxen ist jedoch genauso schlüssig: Der Voraussager hat bereits beide Boxen gefüllt. Was immer Sie tun, es ändert sich nichts an ihrem Inhalt. Nun gibt es nur zwei Möglichkeiten: Der Voraussager hat 1 Mio. Euro in die Box gesteckt, oder gar nichts.

Wenn der Voraussager Box B gefüllt hat, müssen Sie beide Boxen öffnen. Dann kassieren Sie neben der 1 Mio. Euro in

Box B auch die 1000 Euro in Box A. Wenn der Voraussager Box B nicht gefüllt hat, müssen Sie immer noch beide Boxen öffnen, denn 1000 Euro ist immer noch besser als gar nichts. Sie müssen wie auch immer beide Boxen öffnen.

Das Paradoxon

So entsteht das Paradoxon. Einerseits beweist ein klares und einfaches Argument, dass Sie nur Box B öffnen müssen. Aber ein genauso klares Argument beweist, dass Sie beide Boxen öffnen müssen.

Es gibt keine einfache Lösung für Newcombs Problem. Es gibt nicht einmal eine allgemein anerkannte Lösung. Es reicht natürlich nicht, um als „Ein-Boxer" oder „Zwei-Boxer" nur auf die Gültigkeit der eigenen Argumentation hinzuweisen. Man muss auch den Argumentationsfehler des Gegners nachweisen können. Und das ist nicht so einfach.

EINE AUFGABE

Wenn Sie ein „Ein-Boxer" sind, versuchen Sie dann, den Argumentationsfehler der „Zwei-Boxer" nachzuweisen, und umgekehrt.

Newcombs Problem ist eines der wenigen philosophischen Probleme, das auch Ihre nicht-philosophischen Freunde interessieren wird. Wer von Ihren Freunden ist ein „Ein-Boxer", wer ein „Zwei-Boxer"?

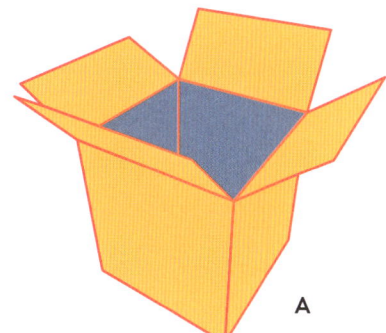

A

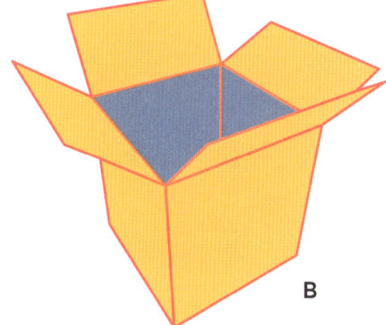

B

Das Gefangenendilemma: Teil 1

Das Gefangenendilemma ist ein klassisches Rätsel aus der Spieltheorie, die sich mit dem optimalen Ergebnis in Situationen befasst, in denen der Erfolg der Entscheidung eines einzelnen von den Entscheidungen anderer abhängt.

Das Dilemma

Angenommen, Sie und ich werden wegen eines Verbrechens verhaftet und in separaten Räumen verhört. Die Beamten sagen uns, dass die Dauer unserer Gefängnisstrafe davon abhängt, ob wir ein Geständnis ablegen oder nicht.

Wir bekommen vier Szenarien zu hören:

* Wenn Sie gestehen, ich aber nicht, kommen Sie frei und muss ich fünf Jahre sitzen.
* Wenn ich gestehe, Sie aber nicht, komme ich auf freien Fuß und müssen Sie fünf Jahre sitzen.
* Wenn wir beide gestehen, müssen wir beide zwei Jahre sitzen.
* Wenn keiner gesteht, kann unser Verbrechen nicht bewiesen werden und brauchen wir beide nur sechs Monate zu sitzen.

Wir müssen uns entscheiden ohne die Entscheidung des anderen zu kennen.

Angenommen, Ihnen ist egal, was mit mir passiert, und Sie wollen so wenig Strafe wie möglich bekommen. Was müssen Sie tun? Entscheiden Sie sich, bevor Sie weiterlesen.

Die rationale Entscheidung

Die rationale Entscheidung ist Gestehen. Warum? Weil Gestehen für Sie das Beste ist, egal, was ich tue.

Wenn ich gestehe, müssen Sie zwei Jahre sitzen anstatt der fünf Jahre, die Sie bekämen, wenn Sie nicht gestehen. Wenn ich nicht gestehe, werden Sie aufgrund Ihres Geständnisses sofort auf freien Fuß gesetzt. Es ist wie auch immer besser, zu gestehen.

Aber: Gestehen ist zwar die rationale Entscheidung, hat jedoch einen großen Nachteil. Wissen Sie, welchen?

Der Nachteil liegt darin, dass was für Sie rational ist, es auch für mich ist. Das bedeutet, dass auch ich gestehe. Also müssen wir beide zwei Jahre sitzen. Wenn wir kooperiert hätten, indem wir beide kein Geständnis abgelegt hätten, hätten wir nur sechs Monate sitzen müssen. Das wäre für uns beide das beste Ergebnis.

Das Paradoxon ist, dass die rationale Entscheidung uns beiden ein suboptimales Ergebnis bringt. Macht dies die „rationale" Entscheidung nicht irrational? Wir begreifen beide, dass der Entschluss zum Geständnis uns zwei Jahre Gefängnis einbringt. Ist Schweigen dann nicht viel vernünftiger?

Leider nicht. Denn wenn ich glaube, dass Sie dieser klugen Argumentation folgen und Ihren Mund halten, ist es für mich besser zu gestehen. Dann werde ich gleich freigelassen.

Es gibt kein Entrinnen: Gestehen ist die rationale Entscheidung, auch wenn wir beide schlechter davon kommen.

Die echte Welt

Das Gefangenendilemma lehrt uns, dass Individuen, wenn sie aus reinem Eigeninteresse rationale Entscheidungen treffen, schlechter davonkommen können als bei einer Zusammenarbeit.

Diese Lehre kann auf die echte Welt übertragen werden. Der australische Philosoph Peter Singer erklärt dies in seinem Buch *How Are We To Live?* am Beispiel des Verkehrsstaus.

Pendler wissen, dass zu viel Verkehr auf der Straße zu Stauproblemen führt. Als Pendler handelt man im Eigeninteresse, wenn man mit dem Auto zur Arbeit fährt. Das geht schneller als mit dem Bus, denn Busse halten nicht vor jeder Tür und können zudem auch in einen Stau geraten.

Andererseits wäre es für jeden besser, gemeinsam zu beschließen, mit dem Bus zu fahren. Buslinien könnten viel häufiger fahren (mehr Passagiere würden den Einsatz von mehr Bussen rechtfertigen), und diese Busse könnten schneller vorankommen, weil keine Staus mehr sind. Die rationale Entscheidung aus Eigeninteresse sorgt dafür, dass jeder schlechter dran ist als wenn man zusammengearbeitet hätte.

PRAXISBEISPIELE

Wenn alle, wie im oben genannten Beispiel, gemeinsam beschließen, Bus zu fahren, wäre es für Sie dann nicht klüger, weiterhin das Auto zu nehmen? Dann kämen Sie in den Genuss freierer Straßen und brauchten auch nicht an Bushaltestellen zu warten.

Denken Sie sich andere Praxisbeispiele aus, bei denen das Gefangenendilemma greift. Zum Beispiel die Fischfangquote, oder Ihr ökologischer Fußabdruck.

Das Gefangenendilemma: Teil 2

Das Gefangenendilemma, wie es auf der vorigen Seite beschrieben wurde, hat etwas Deprimierendes. Es zeigt, dass rationale Entscheidungen aus Eigeninteresse dafür sorgen, dass jeder schlechter dran ist.

Denken Sie z. B. an zwei verfeindete Nationen, die ein Wettrüsten machen: Jedes Land verpflichtet sich zu haushohen militärischen Ausgaben, die die Wirtschaft zerrütten. Die Vorteile einer Kooperation und einer Verringerung der Waffenausgaben sind klar. Aber bei einer einseitigen Abrüstung ist das eine Land dem anderen ausgeliefert. Auf diese Weise wird das Wettrüsten instand gehalten und verlieren beide Parteien.

Ist rationales Eigeninteresse niemals vorteilhaft? Führt es unvermeidlich zu einer Weigerung zusammenzuarbeiten und gibt es ausschließlich Verlierer?

Zum Glück nicht. In bestimmten Situationen kann rationales Eigeninteresse zur Zusammenarbeit führen und kommt jeder

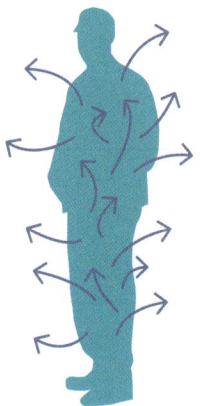

besser damit weg. Es ist vielleicht sogar die beste Lösung für das Gefangenendilemma.

Gefangene in der Wiederholung

Wenn das Gefangenendilemma als Spiel gespielt würde, bei dem der Teilnehmer mit der geringsten Punktezahl gewinnt, ist Gestehen die einzig vernünftige Strategie. Egal, was der Gegner macht, man gewinnt immer.

Was jedoch, wenn beide Teilnehmer das Gefangenendilemma wiederholt spielen und ihre Gefängnisstrafen addieren müssen? Oder noch besser: Ein Turnier mit vielen Spielrunden spielen, bei denen jeder Spieler gegen jeden anderen spielt und der Spieler mit der geringsten Gesamtpunktzahl gewinnt?

Das würde das Spiel viel interessanter machen. Anstatt zu gestehen, könnte man subtilere und komplexere Strategien ausprobieren. Um bei einem Turnier so wenig Punkte wie möglich zu erzielen, kann es sich schließlich lohnen, mit anderen zu kooperieren (indem man nicht gesteht).

Im Internet kann man diverse Strategien ausprobieren und sogar seine eigenen Strategien entwickeln. Geben Sie einmal „Iterated Prisoner's Dilemma Simulation" in die Suchmaschine ein und versuchen Sie's.

Auge um Auge

Der Soziologe Robert Axelrod organi-
sierte 1979 ein solches Dilemmaturnier.
Er lud Experten auf dem Gebiet der
Entscheidungsfindung und der Spieltheorie
ein, Strategien zu entwickeln, die in einen
Computer einprogrammiert werden konn-
ten.
Einige der 14 eingesandten Strategien
waren sehr einfach, andere sehr komplex.
Neben „freundlichen" Strategien (auf
Zusammenarbeit orientiert) gab es auch
„gemeine" Strategien, die stark auf ein
Geständnis ausgerichtet waren.
Der Sieger hatte die einfachste Strategie
von allen: die so genannte „Auge-um-Auge-
Strategie" mit nur zwei Regeln:

• Wenn man einen anderen Spieler zum
  ersten Mal trifft, spielt man immer
  zusammen.
• Wenn man erneut auf den gleichen
  Spieler trifft, tut man, was dieser beim
  vorigen Mal tat.

Auge-um-Auge ist eine „freundliche"
Strategie: Der Spieler beginnt mit Kooperieren und tut das so lange wie der andere
Spieler auch. Wenn der andere nicht mehr
kooperiert, tut man das selbst auch nicht
mehr. Wichtig ist dabei, dass man bereit
ist, dem anderen zu verzeihen und wieder
zusammenzuarbeiten.
Vielleicht ist die weise Lehre, die wir aus
dem Gefangenendilemma ziehen können,
doch nicht so deprimierend. Bei einem
einzigen Spiel muss man zwar einer egoistischen Strategie folgen und verliert jeder.
Aber bei mehreren Spielen kann es einem
zum Vorteil gereichen, zu kooperieren.
Jedenfalls mit jenen, die es verdienen.

Wie du mir...

Auch in echten Situationen kann die
Auge-um-Auge-Strategie nützlich sein.
Oft ist es vorteilhaft, zusammenzuarbeiten,
aber nur, wenn andere auch dazu bereit
sind.
Angenommen, Ihr Auto hat eine Panne
und Sie brauchen Hilfe, um es zur Werk-
statt zu bringen. Ob ich nun ein Altruist
bin oder nicht, es lohnt sich für mich,
Ihnen zu helfen. Denn eines Tages werde
ich vielleicht auch mal Ihre Hilfe brauchen.
An dem Tag, an dem Sie mir helfen,
entsteht ein günstiger Zyklus der gegen-
seitigen Zusammenarbeit. Wenn Sie sich
jedoch weigern, mir zu helfen, brauchen
Sie auch nie mehr bei mir anzuklopfen.
Die Tradition in einer Bauerngemein-
schaft, einander beim Bau einer Scheune
zu helfen, ist ein gutes Beispiel dafür, wie
Zusammenarbeit im größeren Rahmen in
jedermanns Vorteil ist.

Zum Nachdenken

Jesus sagte: „Wenn dich jemand auf die
rechte Wange schlägt, wende ihm auch
deine linke zu.

[...] Gib dem, der dich bittet, und wende
dich nicht von dem, der dir abborgen
will."
(Matthäus 5: 39-42)

Beim Gefangenendilemma käme dies mit
der Kooperationsstrategie überein. Aber
diese hat sich als weniger effektiv als die
Auge-um-Auge-Strategie herausgestellt.
Kann die andere Wange hinhalten eine
nützliche Strategie im täglichen Umgang
mit anderen sein?

Leben

Epikur

Epikur (342-270 v.Chr.) wurde auf Samos geboren, verbrachte jedoch fast sein ganzes Leben in Athen. In jener Zeit war Athen eine deprimierende Stadt. Die einst glorreiche Demokratie begann abzu- bröckeln, Despotismus und bürgerlicher Ungehorsam nahmen zu. Viele Athener wurden skeptisch und verzweifelt. Nicht jedoch Epikur. Er suchte festentschlossen nach einer Lebensweise, bei der Glück, trotz allen Elends, aufblühen konnte.

Die Jagd nach dem Genuss

Nach Epikur liegt der Sinn des Lebens darin, dem Genuss nachzujagen und den Schmerz zu vermeiden (ein ethischer Standpunkt, der Hedonismus genannt wird: siehe S. 162-163).

In erster Linie scheint dies das Rezept für Zügellosigkeit zu sein. Und genau so interpretierten viele seiner Zeitgenossen seine Lehre. Sie beschuldigten ihn der Fresssucht, Trunkenheit und sexueller Ausschweifungen.

Aber ihre Anschuldigungen hätten nicht weniger wahr sein können. Denn Epikur verurteilte die Jagd nach exzessiven Genüssen sogar. Er sah ein, dass manche Formen des Genusses zu Schmerzen führen können und deshalb vermieden werden müssen.

Viel essen kann kurzfristig Spaß machen, führt aber zu Bauchkrämpfen und einer schlechten Gesundheit. Ein Trinkgelage kann gesellig sein, der anschließende Kater ist das keineswegs. Reichtum und Macht sind

angenehm, aber der Stress und die Sorgen, die damit einhergehen, lohnen sich nicht.

Die von Epikur empfohlenen Genüsse waren einfach und dauerhaft: gesund essen, gute Freunde und ein einfacher, entspannter Lebensstil. Maßlosigkeit lag ihm fern.

„Ich verabscheue Luxusgenüsse", schrieb er. „Nicht um der Vergnügen an sich, sondern wegen der Unbequemlichkeiten, die aus ihnen hervorgehen."

Diese Philosophie war so überzeugend, dass Epikur schnell eine Schar von Anhängern bekam, die seine Ideen gerne in die Praxis um- setzen wollten.

Sie bildeten eine eigenständige Gruppe außerhalb der Stadt und führten gemeinsam ein einfaches und zufriedenes Leben. Außenstehende nannten sie die „Gartenphilosophen".

Schmerzen und Angst vermeiden

Nach Epikur ist die Vermeidung von Schmerzen genauso wichtig wie die Jagd nach dem Genuss. Das gilt gleichermaßen für geistige wie für körperliche Schmerzen. Man kann kein glückliches Leben führen, wenn man von Angst, Stress und Sorgen geplagt wird.

Epikur betrachtet die Angst vor den Göttern und die Todesfurcht als die beiden größten Quellen menschlichen Leidens. In beiden Fällen hielt er sie jedoch für unbegründet.

Epikur meinte, dass wir die Götter nicht zu fürchten brauchten, da sie sich trotz ihrer Existenz nicht mit menschlichen Angelegenheiten befassen würden. Wir könnten uns ihren Zorn also gar nicht zuziehen.

Außerdem war er der Meinung, dass wir keine Angst vor dem Tod zu haben brauchten, da der Tod die Zerstörung sowohl des Körpers als auch der Seele bedeute. Nach dem Tod gebe es weder Gefühl noch Bewusstsein und somit verfalle auch die Möglichkeit des Leidens: „Das schauerlichste aller Übel, der Tod, hat also keine Bedeutung für uns; denn solange wir da sind, ist der Tod nicht da, wenn aber der Tod da ist, dann sind wir nicht da."

Nicht jeder hält dieses Argument für tröstlich. Epikur jedoch sehr. An seinem Todestag schrieb er einem Freund: „Den seligen und zugleich letzten Tag meines Lebens verbringend, schreibe ich euch diese Zeilen. Ich werde von Harn- und Ruhrbeschwerden verfolgt, die keine

Steigerung der Größe mehr zulassen. All dem aber steht gegenüber die Freude der Seele über die Erinnerung an die von uns geführten Gespräche."

Das epikureische Paradoxon

Epikur wird im Allgemeinen als der erste Philosoph betrachtet, der das Problem des Bösen bzw. die Schwierigkeit, das Böse bzw. das Leiden mit der Existenz eines gütigen Gottes zu vereinen, diskutiert. Daher wird das Problem des Bösen manchmal das epikureische Paradoxon genannt.

Der schottische Philosoph David Hume (1711-1776) vermittelt in seinem Buch Dialogues Concerning Natural Religion eine kurze Beschreibung des epikureischen Paradoxons:

„Will [Gott] das Böse verhüten, aber kann er es nicht? So ist er machtlos. Kann er es, aber will er es nicht? So ist er bösartig. Kann und will er es? Woher kommt dann das Böse?"

Das Hedonistische Paradoxon

Wie bereits erwähnt, vertrat der griechische Philosoph Epikur die Auffassung, dass Glück das ultimative Ziel des Lebens ist. Dies wird erreicht, indem man Genuss sucht und Schmerz vermeidet. Diese Ethik wird als Hedonismus bezeichnet.

Glückssuche

In der Praxis lässt sich das Glück nicht so leicht fangen. Je mehr man es festhalten möchte, desto schneller zerrinnt es zwischen den Fingern. Der Schriftsteller C.P. Snow drückte es so aus: „Der Begriff Glückssuche ist lächerlich. Wer Glück sucht, wird es nie finden."

Ich, Gary Hayden, kann das aus eigener Erfahrung bestätigen. Vor einigen Jahren haben meine Frau Wendy und ich unsere Karriere unterbrochen und sind auf Weltreise gegangen. Wir verließen unser Haus in England und sind ein Jahr lang durch Neuseeland, Australien, Singapur, Malaysia und die USA gereist. Der Traum eines jeden Hedonisten: Ein ganzes Jahr entspannen mit Genuss und Kultur.

Es passierte jedoch etwas Unerwartetes. Auf dem ersten Teil der Reise dachte ich pausenlos darüber nach, wie glücklich ich war. Mit Aussicht auf den Grand Canyon dachte ich: „Dies ist eins der größten Naturwunder. Genieße ich das jetzt genug?"

Das gleiche passierte mir am Uluru (Ayers Rock) in Australien und bei den heißen Quellen in Neuseeland. Bei den Niagarafällen war ich so mit dem Grübeln beschäftigt, dass dies fast den ganzen Tag verdorben hätte.

Irgendwann nahm ich mir vor, meine Gefühle nicht mehr zu analysieren. Dazu brauchte es einige Anstrengung. Langsam lernte ich, meine Aufmerksamkeit von außen nach innen zu verlegen. Als wir das Great Barrier Reef erreichten, gelang mir das schon einigermaßen gut. Ich konzentrierte mich auf Korallen, Haie und Fische anstatt nur auf mich selbst. Das war wirklich ein Genuss.

John Stuart Mill zum Thema Glück

Was ich auf dieser Reise gelernt habe, formuliert der englische Philosoph John Stuart Mill (1806-1873) so: „Wer sich die Frage stellt, ob er glücklich ist, wird sofort unglücklich." Dass ausgerechnet Mill dies sagt, ist bemerkenswert. Denn er war der Patensohn und Schüler des Philosophen Jeremy Bentham (1748-1832). Bentham war ein Hedonist reinsten Wassers. Wie bei Epikur waren Glück und Genuss für ihn das gleiche. Ein glückliches Leben war für ihn ein Leben mit mehr Genuss als Schmerz.

Er hat sich sogar eine Glücksformel ausgedacht, mit der berechnet werden kann, wie viel Genuss und Schmerz eine Handlung aller Wahrscheinlichkeit nach verursacht. Diese Herangehensweise ist sehr verführerisch, da die Suche nach Glück auf diese Weise eine rationelle, logische und erreichbare Angelegenheit wird – sofern wir bei unseren Berechnungen Sorgfalt walten lassen natürlich.

Es sah so aus, als hätten nur wenige Menschen so viele Chancen zum Glück wie John Stuart Mill. Er war intelligent, gut ausgebildet und hatte gelernt, wie er Benthams Prinzipien anwenden musste. Mit 20 Jahren jedoch bekam Mill eine Depression, die ein halbes Jahr dauert.

In diesem Zeitraum konnte ihn die hyper-rationale Herangehensweise ans Glück, die er von Jeremy Bentham gelernt hatte, auch nicht aus seinem seelischen Tief helfen. Am Ende waren die Poesie und die Gedichte von William Wordsworth die richtige Medizin, die Mill wieder auf die Beine brachte.

Aufgrund dieser Erfahrung revidierte Mill seine Vorstellung vom Glück. Eine der neuen Einsichten lautete: „Glücklich sind nur die […], die ihren Geist auf etwas anderes als das eigene Glück richten. Auf das Glück von anderen, die Verbesserung der Menschheit oder auf Kunst und Aktivitäten […] Indem man etwas anderem nachstrebt, findet man unterwegs das Glück." Diese Einsicht, dass man nur glücklich wird, indem man etwas anderem nachstrebt, wird als Glücksparadoxon bzw. hedonistisches Paradoxon bezeichnet.

Das Additions-Paradoxon

In Zeiten von Klimawandel und Überbevölkerung könnte man denken, es würde Philosophen weder Schwierigkeiten bereiten und nicht an Anreizen fehlen, mit ethischen Argumenten aufzuwarten, diese Probleme anzugehen. Gegen die eigene Intuition, wie der Philosoph Derek Parfit sagte, gibt es ein starkes Argument, mit dem Nichtstun gerechtfertigt wird. Das ist das Additions-Paradoxon, auch „widerwärtige Schlussfolgerung" genannt.

Das Paradoxon entsteht aus dem Konflikt zwischen scheinbar vernünftigen Annahmen. Die meisten würden sicher zustimmen, dass es besser ist, wenn es wenige glückliche Menschen gibt, anstatt viele unglückliche. Lassen Sie uns Parfits Beispiel ein wenig anpassen und stellen uns vor, dass Sie und Ihre Freunde die ideale Gesellschaft auf einer einsamen Insel errichten wollen. Es gibt dort alles, was man braucht: sauberes Wasser, Nahrung, Ressourcen zum Bauen und zur Herstellung. Nach ein paar Jahren ist ein Paradies entstanden, jeder ist zufrieden. Da kommt eine zweite Gruppe auf die Insel – die Ihnen nicht gehört –, wodurch die Bevölkerung sich verdoppelt. Da sie neu sind, verfügen Sie nicht über die

materiellen Annehmlichkeiten, die Sie entwickelt haben, dennoch sind sie glücklich, in diesem Paradies zu sein, das für sie eine Verbesserung zu vorher darstellt. Da sie auf der anderen Seite der Insel siedeln, bekommen Sie nichts von ihnen mit. Ist die Situation nun besser oder schlechter als vorher? Objektiv lässt sich das schwer sagen, weil Ihr Glück nicht beeinträchtigt wird und es die Neuankömmlinge besser haben und ziemlich glücklich sind. Was bedeuten da schon ein paar Menschen mehr?

Schwindende Ressourcen

Nach einiger Zeit wirkt sich die Anwesenheit der Neuen auf das Glück der ersten Einwohner aus. Die Ressourcen nehmen ab, der Platz wird knapper und so weiter. Die erste Gruppe wird dadurch ein bisschen weniger glücklich. Die Neuen haben sich allmählich etabliert, verschaffen sich mehr Komfort, wodurch sich ihr Glück steigert, bis zu dem Level der ersten Gruppe. Nun ist der Grad des totalen und durchschnittlichen Glücks höher als zum Zeitpunkt der Ankunft der Neuen. Besser? Objektiv würden die meisten dem zustimmen.

Wenn also die dritte Stufe Ihrer kleinen Gesellschaft besser als die davor ist und die davor besser (oder zumindest nicht schlechter) als die erste war, dann diktieren die Gesetze der Logik, dass die dritte Stufe besser als die erste ist. Oder: Es ist besser, eine große Gruppe ziemlich glücklicher Menschen zu haben als nur wenige richtig glückliche. Das scheint kein Problem für Ihre Anfangsannahme darzustellen, aber Parfit ist noch nicht fertig.

Zu Ihrer neuen, nur etwas weniger glücklichen Gesellschaft mit den integrierten Neuen kommen weitere auf der Suche nach dem Paradies. Ein Problem? Nicht nach der vorherigen Logik: Was sind schon ein paar Menschen mehr? Der Prozess beginnt erneut: Die Neuzugänge integrieren sich allmählich, der Platz wird enger, etc. und das Glück von allen nimmt nach

und nach etwas ab – aber im Ganzen und im Durchschnitt ist das Glück seit der Ankunft der zweiten Welle Neuankömmlinge gestiegen. Dann wiederholen wir den Prozess … Denn Fakt ist, solange die zusätzlichen Leben lebenswert sind, scheint es gerechtfertigt zu sein, neue Menschen aufzunehmen.

Das Glück schwindet

Die widerwärtige (und scheinbar paradoxe) Schlussfolgerung ist, dass der Utilismus ein überbevölkertes „Paradies" mit relativ unglücklichen Menschen einem vorzieht, in dem weniger, aber glücklichere leben, und macht keinen Halt, bis alles über den Kopf geht. Wie kann das sein? Vielleicht erkennen Sie hier die heikle Handschrift der Transitivität: Wenn B besser als A ist und C besser als B ist, dann ist C besser als A. Dann liegt das Problem womöglich in einem dieser Schritte? Oder stimmt etwas nicht mit dem Utilismus?

MENSCHEN DER ZUKUNFT

Parfits Paradoxon zugrunde liegt die Frage nach unserer Verpflichtung späteren Menschen gegenüber, also welchen, die heute noch nicht leben. Ist es so klar, dass wir uns um unsere zukünftigen Generationen sorgen? Aber warum?

Eine Handlung ist unmoralisch, wenn sie jemandem schadet oder die Rechte anderer beschränkt. Wie schade ich jemandem, den es noch nicht gibt? Im besten Fall sind dies hypothetische Personen und selbst, wenn wir ihre Interessen berücksichtigen, scheint es

zweifelhaft, ihre Interessen über unsere bestehenden zu stellen.

Die Wurzel des Problems ist dies: Wenn wir den Interessen der jetzigen Generation mehr Gewicht beimessen als denen zukünftiger, dann rechtfertigt das, dass wir kommenden Generationen Schaden zufügen. Einfacher: Wenn es schwierig ist, die globale Erwärmung und den Klimawandel aufzuhalten, warum sollten wir das für Menschen auf uns nehmen, die noch nicht einmal existieren? Der Utilismus hat eventuell keine Antwort darauf.

Moralische Roboter:
Teil 1 – Deontologie

Ethische Paradoxien können verschiedene Formen annehmen, je nach einbezogener Theorie. Interessanterweise haben die neuesten Entwicklungen der fahrerlosen Autos diesen Debatten frischen Aufschwung gegeben. Dabei geht es um die Frage, mit welcher Ethik die künstliche Intelligenz, die das Auto lenkt, ausgestattet werden soll.

Es überrascht nicht, dass diese Art Dilemma häufig in der Science-Fiction auftaucht, so auch in Isaac Asimovs *Roboter*-Serie. Asimov entwarf drei berühmte Robotergesetze für ethisches Verhalten (später fügte er ein viertes, übergeordnetes hinzu, das hier nicht relevant ist). So standen sie in seiner Kurzgeschichte „Runaround":

1. Ein Roboter darf keinen Menschen verletzen oder durch Untätigkeit zulassen, dass einem Menschen Schaden zugefügt wird.
2. Ein Roboter muss den Befehlen von Menschen gehorchen, außer wenn die Befehle mit dem ersten Gesetz kollidieren.
3. Ein Roboter muss sich so lange selbst schützen, wie dieser Schutz nicht mit dem ersten oder zweiten Gesetz kollidiert.

Beste Planung
Diese Gesetze klingen vernünftig. Die Kurzgeschichte entwickelt sich allerdings (wie viele andere dieser Serie) so, dass auch die besten Pläne für Mensch und Roboter schiefgehen. In „Runaround" soll ein Roboter eine dringend benötigte Chemikalie besorgen, kehrt aber auch nach Stunden nicht zurück. Was seine menschlichen Anwender nicht wissen, ist,

dass die Chemikalie gefährlich für sein System ist und er sich ihr deshalb (gemäß drittem Gesetz) nicht nähert. Zwar muss er auch Gesetz Nr. 2 entsprechen (Befehlen gehorchen), aber da ihm nicht gesagt wurde, dass sein Auftrag lebenswichtig ist (ohne die Chemikalie werden Menschen sterben), wird das dritte Gesetz nicht außer Kraft gesetzt. So bleibt er in einer paradoxen Schleife gefangen.

SCHURKEN-KI

Dass es eines Tages mächtige Computer geben könnte, die versuchen, die Menschheit zu zerstören, ist ein zentrales Thema von Science-Fiction: von HAL aus *2001: Eine Odyssee im Weltraum* über Skynet der *Terminator*-Serie bis zu den empfindenden Maschinen aus *Matrix*. Unsere Angst vor aufrührerischen Schöpfungen reicht bis zu Mary Shelleys *Frankenstein* und weiter zu mittelalterlichen Golem-Geschichten zurück.

Vorhersagen einiger KI-Enthusiasten zum Trotz ist es unwahrscheinlich, dass Computer Autonomie entwickeln, ganz zu schweigen von „Bewusstsein". Denkbarer ist, dass wir teilweise Kontrolle an einige Systeme und automatisierte Protokolle abgeben, die – wie alle unbewussten Prozesse – auf unvorhergesehene Weise scheitern könnten.

Natürlich lässt sich argumentieren, dass auch solch unperfekten Systeme vorzuziehen sind: Vermutlich wird es weniger Unfälle mit fahrerlosen Autos als mit menschlichen Fahrern geben.

Regelbasierte Ethik

Natürlich gibt es einfache Wege, so eine Situation zu verhindern, eine entsprechende Programmierung wäre unkompliziert. Aber es bleibt eine fundamentale Frage zu regelbasierter Ethik: Was geschieht, wenn die Regeln in Konflikt geraten? Auf regelbasierte Moral wird sich auch als Deontologie (Pflichtethik) bezogen, die im Grunde besagt, dass Pflichtgefühl unabdingbar zur Moral gehört. Menschen handeln ethisch, weil sie sich dazu verpflichtet fühlen. Dieser Schwerpunkt ist zentral in Kants Philosophie, der anführt, dass es unsere höchste Pflicht ist, vernünftig zu sein, was uns – zum Glück – vorschreibt, was Moral ist. Solange wir dem Diktat der Vernunft folgen, sollte es uns gut gehen. Was aber diktiert die Vernunft? Kant formulierte dies auf verschiedene Arten, aber die Basislinie ist, dass moralische Entscheidungen universalisierbar sein müssen. Das bedeutet, sich so zu verhalten, wie wir es uns von allen anderen auch wünschen würden. Das schließt lügen und stehlen, Mord und all das ein, das wir nicht gegen uns gerichtet erleben wollen und das allgemein Moral gut erklärt.

Aber wie wäre ein Kant'scher Roboter? Kollidierende Pflichten stellen einen Widerspruch zu Kant dar: Wenn es falsch ist, zu lügen und genauso falsch, einem Menschen zu schaden, was, wenn durch die Wahrheit einem anderen Schaden zugefügt wird? Der Konflikt endet in einem Paradoxon. Außerdem, denken wir an unser fahrerloses Auto, wäre ein Gesetz wie „keinen Menschen verletzen oder zulassen, dass einem Menschen Schaden zugefügt wird" nicht hilfreich, wenn es etwa um die Entscheidung geht, einen Fußgänger oder fünf Fußgänger anzufahren. So gesehen, ist ein deontologischer Roboter vielleicht doch keine gute Idee. Aber was wäre die Alternative?

Moralische Roboter:
Teil 2 – Konsequentialismus

Kehren wir zu unserem Dilemma mit dem fahrerlosen Auto zurück: Zwar ist es programmiert, Menschenleben zu schützen, aber es werden sich Situationen ergeben, in denen Verletzungen oder Tod unvermeidlich sind. Die moralischen Vorgaben fürs Fahren sind nicht immer dargelegt: So besagt der britische Autobahncodex, dass kleine Tiere überfahren werden dürfen. Nirgendwo steht: „Versuchen Sie außerdem, keine Menschen zu töten, wenn es geht." Es wird vorausgesetzt, dass Sie entsprechend handeln. Ist dies das Problem? Viele der Entscheidungen, die wir innerhalb von Millisekunden treffen, gründen sich auf moralische Intuition.

Das *Trolley-Problem*, ein berühmtes Gedankenexperiment der Philosophin Philippa Foot, das später von anderen Philosophen aufgegriffen und erweitert wurde, verdeutlicht dies. Eine Straßenbahn gerät außer Kontrolle und steuert auf eine Gruppe von fünf Menschen zu, die Gleisarbeiten durchführen. Auf einem anderen Gleis steht eine Einzelperson. Alles, was Ihnen möglich ist, ist ein Wechsel der Gleise (oder auch nicht), um wer-auch-immer-dort-steht, mit Sicherheit zu töten. Die Deontologie gäbe darauf keine klare Antwort: Beide Optionen widersprechen der Regel, nicht zu schaden. Außerdem werden Sie durch das Betätigen des Hebels moralisch für diesen Schaden verantwortlich. Eine Lose-Lose-Situation.

Wünschenswerter Ausgang
Im echten Leben richtig zu handeln, ist häufig nicht einfach oder klar, aber eine Entscheidung muss getroffen werden. Da bietet sich der Konsequentialismus an: Für einen Moment wollen wir absolute Regeln vergessen und uns fragen, welche der beiden Möglichkeiten die bessere ist.

Die Antwort ist leicht, oder? Der Utilismus, eine Form des Konsequentialismus', würde urteilen, dass fünf Leben mehr wiegen als eins und dass es unsere moralische Verantwortung sei, den Hebel zu betätigen. Machen Sie's? Aber was, wenn Sie wüssten, dass die Gruppe aus fünf Serienmördern im Arbeitseinsatz des Gefängnisses besteht? Oder dass die Einzelperson ein bekannter Menschenfreund ist oder ein Mitglied Ihrer Familie? Würden Sie sich anders entscheiden?

Moral ist mehr als Statistiken
Zurück zu Asimov – oder vielmehr zu dem Film, der locker auf seinen Geschichten fußt: *I, Robot* –, dort begegnen wir einer ähnlichen, utilitaristischen Berechnung. Will Smiths Auto stürzt von einer Brücke in den Fluss, zusammen mit einem weiteren Auto, in dem ein Mädchen sitzt. Ein Roboter springt zu ihrer Rettung hinterher, stellt fest, dass er nicht beide retten kann und dass Smith die besseren Überlebenschancen hat. Im Film erklärt diese Entscheidung des Roboters Will Smiths Ablehnung der Maschinen: Die meisten

Menschen hätten zuerst das Kind gerettet, egal, wie die Chancen standen. Moral, so der Tenor der Szene, ist keine Angelegenheit von Statistiken, sie bedarf eines subjektiven und emotionalen Elements. Das bedeutet aber auch, dass Menschen sich nicht unbedingt einig sind, was das moralisch richtige Verhalten ist – und das schließt Philosophen ein.

Welches System wir zur Programmierung in KI auch auswählen, es ist unwahrscheinlich, dass es moralische Entscheidungen treffen wird, die alle glücklich machen. Selbst, wenn es eine Art Laplacescher Dämon wäre – die Abwägung aller

möglichen Faktoren und Konsequenzen würde sich bis ins Unendliche ziehen. Ja, die Einzelperson ist Philanthrop, aber sie wird in eine Bio-Tech-Firma investieren, aus der bald unbeabsichtigt eine schreckliche Plage entweichen wird. Streng genommen ist das alles nicht paradox, scheint aber zu belegen, dass jedes ethische System, ob deontologisch oder konsequentialistisch, unfähig ist, für jede Situation das „richtige" Verhalten festzulegen.

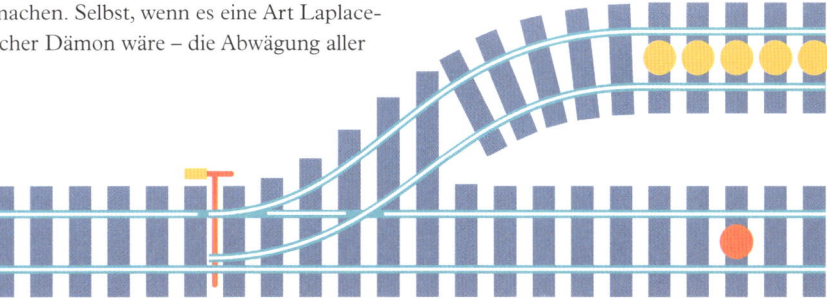

BÜROKLAMMERN ÜBER ALLES

Das Problem mit dem Konsequentialismus ist, dass er gelegentlich Dinge gutheißt, die (nach traditionellem Standard) moralisch falsch oder sogar abscheulich sind. Dient das Leid eines Einzelnen der größtmöglichen Anzahl Menschen, dann ist es gerechtfertigt.

Das ist etwas, was ein deontologischer Roboter ausschließen würde (wir bauen die Regel ein, dass „Unschuldigen" nicht geschadet werden darf). Aber wir wissen mittlerweile, dass das nicht in Situationen helfen würde, wenn Schaden unausweichlich ist. Wenn allerdings

die Mittel das Ergebnis rechtfertigen, dann würde ein konsequentialistischer Roboter eher falsch entscheiden.

Von dem Philosophen Nick Bostrom stammt dies: Eine intelligente Maschine hat den Auftrag, Büroklammern herzustellen. Sie wird alle Mittel einsetzen, um den Output an Büroklammern zu maximieren, auch wenn das bedeutet, dass irgendwann die Menschen, der Planet und das Universum selbst nur noch Rohmaterial für Büroklammern darstellen.

Übung 8

Das Toleranzparadoxon

DIE AUFGABE:

Intoleranz ist intolerabel. Daraus folgt, dass Intoleranz nicht toleriert werden darf. Daraus folgt auch, dass wir Intoleranz tolerieren müssen, denn es wäre intolerant, intolerant zu sein. Wir dürfen Intoleranz nicht tolerieren, aber eigentlich doch, weil wir uns nicht auf das Niveau der intoleranten Person begeben möchten. Beweisen Sie, dass dies moralisches Blabla ist, indem Sie diese Paradoxien lösen.

DIE METHODE:

Toleranz bedeutet, dass man eine Sache zwar nicht gut findet, sie sich aber innerhalb einer bestimmten, akzeptablen Grenze bewegt. Toleranz kennt drei Aspekte: Bedenken, Akzeptanz und eine implizite Grenze der Akzeptanz. Alle drei sind erforderlich und beinhalten ein Paradoxon. Eine Sache zu tolerieren bedeutet, sie zu akzeptieren. Man muss aber auch Bedenken haben. Sonst ist es nicht Toleranz, sondern direkte Akzeptanz – sei es aus Gleichgültigkeit oder Gefallen. Wir müssen die Sache verkehrt finden, wenn wir sie tolerieren möchten. Wenn wir sie tolerieren, akzeptieren wir, dass sie nicht in Ordnung ist. Wenn wir es gut finden, sie aufgrund akzeptabler Grenzen zu tolerieren, finden wir es somit falsch,

das Falsche nicht zu tolerieren. Wie kann es moralisch gut sein, etwas zu tolerieren, das moralisch nicht Ordnung ist? Das ist das Akzeptanzparadoxon.

Ein Beispiel: Rassisten, die ihre eigene Rasse gegenüber anderen als überlegen betrachten. Alle von ihnen als unterlegen eingestufte Menschen würden sie unterdrücken, wenn sie nur könnten. Aus Ohnmacht, Angst vor Konsequenzen oder Gefängnisstrafe halten sich diese Rassisten jedoch zurück. Man könnte sagen, dass sie andere Menschen tolerieren. Müssen wir sie für ihre Toleranz bejubeln, wo es sich doch eigentlich nur um aus Vorsorge eingedämmten Hass handelt? Je überzeugter sie von ihrer Überlegenheit sind, desto toleranter werden sie scheinbar. Ihre Tugend scheint paradoxerweise zu steigen, je mehr ihre Boshaftigkeit zunimmt.

Ein drittes Paradoxon der Toleranz entsteht durch die Notwendigkeit, Grenzen zu ziehen. Über einer solchen Grenze befindet sich alles, was nicht toleriert werden kann. Ohne eine Grenze ist Toleranz keine Tugend, sondern nur ein willkürliches Urteil. Wenn man eine Grenze zieht, ist man intolerant gegenüber allem, was sich über der Grenze befindet. Vorbedingung für Toleranz ist somit Intoleranz. Toleranz ist keine Tugend – sie verschwindet, sobald sie auftaucht.

DIE LÖSUNG:

Das Akzeptanzparadoxon kann gelöst werden, indem die moralischen Gründe in verschiedene Größenordnungen eingeteilt werden. Akzeptanz und Ablehnung bringen variable Kosten mit sich. Es gibt Intoleranzniveaus. Eine Situation kann mehr oder weniger intolerabel sein. Es lohnt sich vielleicht nicht, etwas zu verbieten, das erst in verstärkter Form unter allen Umständen beendet werden muss. Manche Prinzipien sind unverrückbar, andere sind annullierbar. Es kann vernünftiger sein, das Übertreten eines Prinzips zu akzeptieren – aus praktischen und prinzipiellen Gründen. Es ist kein Problem, eine bedenkliche Sache zu akzeptieren, solange der Grund für die Akzeptanz oder die Bedenken nicht der gleiche ist. Es muss ein höherer Beweggrund sein.

Das Paradoxon der toleranten Rassisten missbraucht die Tatsache, dass man gegen eine Sache Bedenken haben muss, um sie tolerieren zu können. Je mehr Bedenken die Rassisten fühlten, desto tugendhafter schienen sie zu sein: Sie beherrschten sich aus praktischen oder strategischen Gründen. Ihre Selbstbeherrschung nimmt dann die paradoxe Gestalt einer toleranten Tat

einer intoleranten Person an. Eine Tugend, die aus Boshaftigkeit geboren wird. Genau betrachtet ist es keine moralische Tugend. In diesem Fall könnte man es moralische Pflicht nennen und als solche ist es, was man erwarten darf, anstatt dass es wie eine Tugend Lob oder Respekt verdient. Hinzu kommt, dass die Beherrschung nicht moralischem Pflichtbewusstsein entspringt. Der tolerante Rassist ist nur tolerant, wenn Toleranz keine moralische Tugend ist.

Außerdem bestimmt nicht nur Verhalten die Tugend, sondern auch eine innere Komponente, die sich bei Toleranz in Form von Respekt zeigt anstatt Hass. Es kann moralisch richtig sein, den eigenen Hass nicht öffentlich zu äußern. Jedoch nicht, wenn man es nur unterlässt, um später noch mehr Hass und Intoleranz zu säen. Egal wie moralisch richtig dies ist, wäre es noch besser, sich selbst ganz von Hassgefühlen zu befreien. Das heißt: Die Vergrößerung von Tugend und Toleranz erfordert vom Rassisten weniger Selbstbeherrschung, aber umso mehr Selbstüberwindung.

Das dritte Paradoxon handelt von der Notwendigkeit und Unmöglichkeit, eine Toleranzgrenze zu ziehen ohne sie zu überschreiten. Wenn man etwas als tolerierbar bezeichnet, warnt man gleichzeitig, dass es ab einem bestimmten Punkt nicht mehr tolerierbar ist. Auch dieses Paradoxon wird gelöst, indem man zwischen moralischer Pflicht (unumstößliche Prinzipien) und Tugend (das, was moralisch vortrefflich ist und über den Pflichten steht) unterscheidet. Wenn intolerante Personen zu weit gehen, ist es unsere moralische Pflicht, das nicht zu tolerieren. Intolerante Personen zu tolerieren ist jedoch keine Pflicht. Sie appellieren an unsere Kräfte, Geduld, Mitgefühl und Verständnis: unsere Tugendhaftigkeit.

Philosophenregister

Albert von Sachsen
1316-1390
Nationalität: Deutscher
Bekannte Werke:
Tractatus proportionum;
Perutilis logica
Verwandtes Paradoxon:
Unendliche Balken und
Kuben, S. 86

Aristoteles
384-322 v.Chr.
Nationalität: Grieche
Bekannte Werke:
Ethica Nicomachea;
Metafysica; Die Seele
Verwandte Paradoxien:
Eubulides' Paradoxien,
S. 48-49

Augustinus von Hippo
354-430
Nationalität: geboren in
Thagaste, heutiges Algerien
Bekannte Werke:
Confessiones;
De civitate Dei
Verwandtes Paradoxon:
Göttliche Vorkenntnis und
der menschliche freie Wille,
S. 176-177

Axelrod, Robert
(Politologe)
geb. 1943
Nationalität: Amerikaner
Bekanntes Werk:
The Evolution of Cooperation
Verwandtes Paradoxon:
Das wiederholte Gefangenen-
dilemma, S. 182-183

Banach, Stefan
(Mathematiker)
1892-1945
Nationalität: Pole
Bekanntes Werk:
'Sur la décomposition des
ensembles de points en parties
respectivement congruentes'
Verwandtes Paradoxon:
Das Banach-Tarski-
Paradoxon (die Erbse und
die Sonne), S. 168-169

Bentham, Jeremy
1748-1832
Nationalität: Engländer
Bekanntes Werk:
Introduction to the Principles
of Morals and Legislation
Verwandtes Paradoxon:
Das hedonistische
Paradoxon,
S. 186-187

Bernoulli, Daniel
(Mathematiker)
1700-1782
Nationalität: Schweizer
Bekanntes Werk:
Specimen theoriae novae de
mensura sortis
Verwandtes Paradoxon:
Das St.-Petersburg-
Paradoxon,
S. 118-119

Bernoulli, Nikolaus II
(Mathematiker)
1695-1726
Nationalität: Schweizer
Verwandtes Paradoxon:
Das St.-Petersburg-
Paradoxon, S. 118-119

Buridan, Johannes
1295-1358
Nationalität: Franzose
Bekanntes Werk:
Summulae de dialectica
Verwandte Paradoxien:
Buridans Esel, S. 174
Buridans Brücke, S. 175

Cantor, Georg
(Mathematiker)
1845-1918
Nationalität: Deutscher
Bekanntes Werk:
„Grundlagen einer allgemeinen
Mannigfaltigkeitslehre"
Verwandtes Paradoxon:
Vergleiche unendlicher
Sammlungen, S. 90-91, 96-99

Chrysippos von Soloi
280-207 v.Chr.
Nationalität: Grieche
Verwandtes Paradoxon:
Chrysipps Krokodil, S. 175

Chuang Tzu
4. Jhd. v.Chr.
Nationalität: Chinese
Bekanntes Werk:
Chuang Tzu
Verwandtes Paradoxon:
Schmetterlingstraum, S. 24

Cicero, Marcus Tullius
106-43 v.Chr.
Nationalität: Römer
Bekannte Werke:
Über die Wahrsagung (De divinatione) Vom Wesen der Götter (De natura deorum)
Verwandte Paradoxien:
Über Eubulides, S. 48 Göttliche Vorkenntnis und der menschliche freie Wille, S. 176-177

De Morgan, Augustus (Mathematiker)
1806-1871
Nationalität: Brite
Bekanntes Werk:
Trigonometry and Double Algebra
Verwandtes Paradoxon:
Die Morganschen Gesetze, S. 80-81

Descartes, René
1596-1650
Nationalität: Franzose
Bekannte Werke:
Über die Methode; Meditationen über die erste Philosophie
Verwandte Paradoxien:
Die Art des Wissens, S. 22-23, 25, 70
Göttliche Unmöglichkeiten, S. 148-149

Einstein, Albert
1879-1955
Nationalität: Deutsch-Amerikaner
Bekannte Werke:
„Elektrodynamik bewegter Körper"; „Ist die Trägheit eines Körpers von seinem Energieinhalt abhängig?"
Verwandte Paradoxien:
Zeitreiseparadoxien, S. 136-141

Epikur
341-270 v.Chr.
Nationalität: Grieche
Bekannte Werke:
Ratae Sententiae; Sententiae Vaticanae
Verwandtes Paradoxon:
Das epikureische Paradoxon, S. 185

Eubulides
4. Jhd. v.Chr.
Nationalität: Grieche
Bekanntes Werk:
Diverse Paradoxien sind aus Diogenes Laertius' *Leben und Lehre berühmter Philosophen* bekannt
Verwandte Paradoxien:
Der Glatzkopf, die Hoffnung und andere, S. 48-55

Euklid (Mathematiker)
300 v.Chr.
Nationalität: Grieche
Bekanntes Werk:
Die Elemente
Verwandtes Paradoxon:
Das Paradoxon der größten Priemzahl, S. 84-85

Fermat, Pierre de (Mathematiker)
1601-1665
Nationalität: Franzose
Bekannte Werke:
Korrespondenz mit Pascal über die Wahrscheinlichkeitstheorie

Galileo, Galilei
1564-1642
Nationalität: Italiener
Bekannte Werke:
Dialog über die beiden vorrangigsten Weltsysteme; Discorsi e Dimostrazioni Matematiche, intorno a due nuove scienze
Verwandtes Paradoxon:
Galileis Paradoxon und andere Paradoxien zur Unendlichkeit, S. 88-91

Gödel, Kurt
1906-1978
Nationalität: Österreich-Amerikaner
Bekanntes Werk:
„Über formal unentscheidbare Sätze der Principia Mathematica und verwandter Systeme"
Verwandte Paradoxien:
Gödelsche Unvollständigkeitssätze, S. 74-75

Goodman, Nelson
1906-1998
Nationalität: Amerikaner
Bekannte Werke:
The Structure of Appearance; Fact, Fiction, and Forecast; Ways of Worldmaking
Verwandtes Paradoxon:
Das neue Rätsel der Induktion, S. 32-33

Gutberlet, Constantin
1837-1928
Nationalität: Deutscher
Bekanntes Werk:
Die Theodizee
Verwandte Paradoxien:
Gegenargumente zu Cantors
Werk zur Unendlichkeit, S. 92

Hausdorff, Felix (Mathematiker)
1868-1942
Nationalität: Deutscher
Bekanntes Werk:
„Grundzüge der
Mengenlehre"
Verwandtes Paradoxon:
Das Banach-Tarski-
Paradoxon (die Erbse und
die Sonne, S. 168-169

Hawking, Stephen (Physiker)
geb. 1942
Nationalität: Engländer
Bekanntes Werk:
Eine kurze Geschichte der Zeit
Verwandte Paradoxien:
Gesetze für Zeitreisen S. 140

Hegel, Georg
1770-1831
Nationalität: Deutscher
Bekanntes Werk:
Wissenschaft der Logik
Verwandtes Paradoxon:
Identität, S. 70

Hempel, Carl Gustav
1905-1997
Nationalität: Deutsch-
Amerikaner
Bekanntes Werk:
*Studies in Logic and
Confirmation*
Verwandtes Paradoxon:
Hempels Rabenparadoxon,
S. 30-31

Heraklit
535-475 v.Chr.
Nationalität: Grieche
Bekanntes Werk:
Über die Natur
Verwandtes Paradoxon:
Der Fluss des Heraklit,
S. 46-47

Hilbert, David
1862-1943
Nationalität: Deutscher
Bekanntes Werk:
„Über das Unendliche"
Verwandtes Paradoxon:
Hilberts Hotel, S. 94-95

Hume, David
1711-1776
Nationalität: Schotte
Bekannte Werke:
*Traktat zur menschlichen
Natur, Dialoge über natürliche
Religion*
Verwandtes Paradoxon:
Die Humesche Gabel,
S. 28-29

James, William
1842-1910
Nationalität: Amerikaner
Bekanntes Werk:
Principles of Psychology
Verwandtes Paradoxon:
Das dialogische Selbst, S. 71

Landau, Edmund (Mathematiker)
1877-1938
Nationalität: Deutscher
Bekannte Werke:
*Grundlagen der Analysis;
Differential- und
Integralrechnung;Vorlesungen
über Zahlentheorie*
Verwandtes Paradoxon:
Das Umschlagparadoxon,
S. 114-117

Locke, John
1632-1704
Nationalität: Engländer
Bekannte Werke:
*Versuch über den menschlichen
Verstand; Der Brief über die
Toleranz*

Mill, John Stuart
1806-1873
Nationalität: Engländer
Bekannte Werke:
Über Freiheit; Utilitismus
Verwandtes Paradoxon:
Glück, S. 186-187

Moore, G.E
1873-1958
Nationalität: Engländer
Bekannte Werke:
*Principia Ethica;The
Refutation of Idealism*
Verwandtes Paradoxon:
Das Paradoxon von Moore,
S. 20

Newton, Isaac (Physiker)
1643-1727
Nationalität: Engländer
Bekannte Werke:
*Philosophiæ Naturalis
Principia Mathematica;
Opticks*
Verwandte Paradoxien:
Paradoxien zu Zeitreisen,
S. 135

Nozick, Robert
1938-2002
Nationalität: Amerikaner
Bekannte Werke:
*Anarchy, State, Utopia;
Philosophical Explanations*
Verwandtes Paradoxon:
Newcombs Paradoxon,
S. 178-179

Parmenides
5. Jhd. v.Chr.
Nationalität: Grieche
Bekannte Werke:
Der Weg der Wahrheit; Der Weg der Meinung (verloren)
Verwandte Paradoxien:
Bewegungsparadoxien,
S. 128-133

Pascal, Blaise
1623-1662
Nationalität: Franzose
Bekanntes Werk: *Pensées*
Verwandtes Paradoxon:
Die Pascalsche Wette,
S. 120-121

Plato
428-348 v.Chr.
Nationalität: Grieche
Bekannte Werke:
Staat; Apologie; Symposium; Theaetetus
Verwandtes Paradoxon:
Die Art der Wirklichkeit, S. 18

Quine, Willard Van Orman
1908-2000
Nationalität: Amerikaner
Bekanntes Werk:
„On What there Is"
Verwandte Paradoxien:
Falsche Bezugnahmen,
S. 64-65

Reutersvärd, Oscar (Künstler)
1915-2002
Nationalität: Schwede
Bekannte Werke:
Das Penrose-Dreieck und andere unmögliche Objekte

Russell, Bertrand
1872-1970
Nationalität: Engländer
Bekannte Werke:
Geschichte der westlichen Philosophie; Principia Mathematica; Probleme der Philosophie
Verwandte Paradoxien:
Mengenlehre und das Russelsche Paradoxon,
S. 68-69

Schopenhauer, Arthur
1788-1860
Nationalität: Deutscher
Bekanntes Werk:
Die Welt als Wille und Vorstellung

Singer, Peter
geb. 1946
Nationalität: Australier
Bekanntes Werk:
How Are We to Live?
Verwandte Paradoxien:
Das Gefangenendilemma,
S. 180-183

Sokrates
470-399 v.Chr.
Nationalität: Grieche
Bekannte Werke:
Sokratische Dialoge

Stigler, Stephen (Statistiker)
geb.1941
Nationalität: Amerikaner
Bekanntes Werk:
„Stigler's Law of Eponymy"
Verwandtes Paradoxon:
Stiglers Gesetz der Eponyme,
S. 70

Tarski, Alfred (Mathematiker)
1901-1983
Nationalität: Pole
Bekanntes Werk:
„Sur la décomposition des ensembles de points en parties respectivement congruentes"
Verwandte Paradoxien:
Das Banach-Tarski-Paradoxon
(die Erbse und die Sonne),
S. 168-169

Thabit ibn Qurra (Astronom en Mathematiker)
836-901
Nationalität: Araber, Meso-potamien (heutige Türkei)
Verwandtes Paradoxon:
Die Art der Unendlichkeit,
S. 87

Wittgenstein, Ludwig
1889-1951
Nationalität: Österreicher
Bekannte Werke:
Tractatus Logico-Philosophicus; Philosophische Untersuchungen
Verwandte Paradoxien:
Moores Paradoxon, S. 20-21
Das Unsinnige, S. 159

Zenon von Elea
490-430 v.Chr.
Nationalität: Grieche
Bekannte Werke: keine
Verwandte Paradoxien:
Bewegungsparadoxien,
S. 126-133

Register

Bibliografie

Für eine bessere Lesbarkeit dieses Buches wurden in den meisten Fällen die Literaturhinweise ausgelassen. Im Folgenden sind für jedes Kapitel gesondert die zu Rate gezogenen Quellen und eine ausgewählte Bibliografie angegeben.

Einleitung

Sainsbury, R. M. (1995) *Paradoxes* (zweite Ausgabe). Cambridge: Cambridge University Press.

Kapitel 1: Wissen und Glauben

Ayer, A. J. (2000) *Hume: A Very Short Introduction* (Very Short Introductions). Oxford: Oxford University Press.

Clark, M. (2007) *Paradoxes from A to Z* (zweite Ausgabe). New York: Routledge.

Cornman, J. W., Lehrer, K., und Pappas, G. S. (1991) *Philosophical Problems and Arguments: an Introduction*. Indianapolis: Hackett Publishing.

Descartes, R. (2003) *Meditations and Other Metaphysical Writings* (tr. Clarke, D.M). London: Penguin Classics.

Fearne, N. (2002) *Zeno and the Tortoise: How to Think Like a Philosopher*. London: Atlantic Books.

Graham, R. (2006) *The Great Infidel: A Life of David Hume*. East Linton: Tuckwell Press.

Hume, D. (2004) *An Enquiry Concerning Human Understanding*. New York: Dover Publications.

Hume, D. (1990) *Dialogues Concerning Natural Religion*. London: Penguin Classics.

James, W. (2003) *The Will to Believe, and Other Essays in Popular Philosophy*. New York: Dover Publications.

Jones, G., Hayward, J, und Cardinal, D. (2005) *The Meditations: Rene Descartes* (Philosophy in Focus). London: Hodder Murray.

Leiber, J. (1993) *Paradoxes*. London: Gerald Duckworth & Co. Ltd.

Magee, B. (1988) *The Great Philosophers*. Oxford: Oxford University Press.

Moeller, H. G. (2004) *Daoism Explained: From the Dream of the Butterfly to the Fishnet Allegory*. Chicago: Open Court Publishing.

Plato. (1997) *Complete Works* (Hrsg. Hutchinson, D.S.). Indianapolis: Hackett Publishing.

Russell, B. (2004) *History of Western Philosophy* (zweite Ausgabe). London: Routledge Classics.

Schilpp, P. A. (Hrsg.) (1952) *The Philosophy of G. E. Moore* (zweite Ausgabe). New York: Tudor Publishing.

Warburton, N. (2004) *Philosophy the Basics* (vierte Ausgabe). London: Routledge.

Kapitel 2: Vagheit und Identität

Clark, M. (2007) *Paradoxes from A to Z* (zweite Ausgabe). New York: Routledge.

Cohen, M. (2007) *101 Philosophy Problems*. London: Routledge.

Fox, M. A. *A New Look at Personal Identity*. Philosophy Now, 62, Juli/August 2007.

„Heraclitus" from the Stanford Internet Encyclopedia of Philosophy, online version (www.stanford.edu) 2008.

Moline, J. (1969) Aristotle, Eubulides and the Sorites. *Mind*, 78, 393–407.

Noonan, H. W. (2003) *Personal Identity* (zweite Ausgabe). London: Routledge.

Plato. (1997) *Complete Works* (Hrsg. Hutchinson, D.S.). Indianapolis: Hackett Publishing.

Read, S. (1995) *Thinking About Logic: An Introduction to the Philosophy of Logic*. Oxford: Oxford University Press.

Sorensen, R. (2003) *A Brief History of the Paradox*. Oxford: Oxford University Press.

„Sorites Paradox" from the Stanford Internet Encyclopedia of Philosophy, online version (www.stanford.edu) 2008.

Waterfield, R. (Hrsg.). (2000) *The First Philosophers: The Presocratics and Sophists*. Oxford: Oxford University Press.

Williamson, T. (1996) *Vagueness*. London: Routledge.

Kapitel 3: Logik und Wahrheit

Davis, M. (Hrsg.) (2004) *The Undecidable: Basic Papers on Undecidable Propostions, Unsolvable Problems and Computable Functions*. New York: Dover Publications.

Descartes, R. (2003) *Meditations and Other Metaphysical Writings* (tr. Clarke, D.M). London: Penguin Classics.

Gödel, K. (2003) *On Formally Undecidable Propositions of "Principia Mathematica" and Related Systems*. New York: Dover Publications.

Grattan-Guinness, I. (1998) Structural Similarity or Structuralism? Comments on Priest's Analysis of the Paradoxes of Self-Reference. *Mind*, 107, 823–834

Hegel, G. (1998) *Science of Logic* (tr. Miller, A. V.). New York: Prometheus Books.

Hothersall, D. (2004) *History of Psychology* (vierte Ausgabe). New York: McGraw-Hill

James, W. (1957) *Principles of Psychology: Volume 1* (Neuausgabe). New York: Dover Publications.

Jeans, J. (1942). *Physics and Philosophy*. Cambridge: Cambridge University Press.

Locke, J. (1996) *An Essay Concerning Human Understanding*. Indianapolis: Hackett Publishing.

Picard, M. (2007). *This is Not a Book: Adventures in Popular Philosophy*. New York: Metro Books/London: Continuum Books/Crows Nest: Allen & Unwin.

Quine, W. V. (1980) *From a Logical Point of View: Nine Logicophilosophical Essays* (zweite Ausgabe). Cambridge, Mass.: Harvard University Press.

Quine, W. V. (1976) On a Supposed Antinomy in *The Ways of Paradox, and Other Essays*. Cambridge, Mass.: Harvard University Press.

Reach. K. (1938) The name relation and the logical antinomies. *Journal of Symbolic Logic*, 3, 97–111.

Russell, B. (1908) Mathematical Logic as Based on the Theory of Types. American *Journal of Mathematics*, 30, 3, 222–262

Russell, B. (1905) On Denoting. *Mind*, 14, 56, 479-493.

Russell, B. (1996) *The Principles of Mathematics*. New York: W. W. Norton & Co.

Sainsbury, R. M. (1988) *Paradoxes*. Cambridge: Cambridge University Press. Shen Yuting. (1955) Two Semantical Paradoxes. *Journal of Symbolic Logic*, 20 (2), 11–120.

Smullyan, R. (1985) *To Mock a Mockingbird*. Oxford: Oxford University Press.

Sorensen, R. A. (1982). Recalcitrant Variations of the Predication Paradox. *Australasian Journal of Philosophy*, 60, 355–62.

Kapitel 4: Mathematische Paradoxien

Barrow, J. D. (2005) *The Infinite Book: A Short Guide to the Boundless, Timeless and Endless*. New York: Vintage, Random House.

Bunch, B. (1997) *Mathematical Fallacies and Paradoxes*. New York: Dover Publications.

Clark, M. (2007) *Paradoxes from A to Z* (zweite Ausgabe). New York: Routledge.

De Morgan, A. (2007) *A Budget of Paradoxes*. New York: Cosimo Inc.

Everdell, W. R. (1998) *The First Moderns: Profiles in the Origins of Twentieth-Century Thought*. Chicago: University of Chicago Press.

Galilei, G. (2003) *Dialogues Concerning Two New Sciences* (tr. Crew, H. und de Salvio, A.). New York: Dover Publications.

Hughes, P. und Brecht, G. (1978) *Vicious Circles and Infinity: an Anthology of Paradoxes*. London: Penguin.

Kaplan, R. und Kaplan, E. (2003) *The Art of the Infinite: Our Lost Language of Numbers*. London: Penguin.

Russell, B. (2007) *Introduction to Mathematical Philosophy*. New York: Routledge.

Weston, A. (2001) *A Rulebook for Arguments* (dritte Ausgabe). Indianapolis: Hackett Publishing.

Kapitel 5: Wahrscheinlichkeits-paradoxien

Bunch, B. (1997) *Mathematical Fallacies and Paradoxes*. New York: Dover Publications.

Clark, M. (2007) *Paradoxes from A to Z* (zweite Ausgabe). New York: Routledge.

Gardner, M. (1986) *Knotted Doughnuts and Other Mathematical Entertainments*. New York: W. H. Freeman and Co.

Haddon, M. (2004) *The Curious Incident of the Dog in the Night-Time*. New York: Red Fox, Random House.

Haigh, J. (1999). *Taking Chances*. Oxford: Oxford University Press.

Hammond, N. (Hrsg.) (2003) *The Cambridge Companion to Pascal*. Cambridge: Cambridge University Press.

Leiber, J. (1993) Paradoxes. London: Gerald Duckworth & Co. Ltd.

Mackie, J. M. (1982) *The Miracle of Theism: Arguments for and Against the Existence of God*. Oxford: Oxford University Press.

Martin, R. (2004) The St. Petersburg Paradox, from *The Stanford Encyclopedia of Philosophy* (Hrsg. Zalta, E. N.). Stanford: Stanford University.

Pascal, B. (1995) *Pensées* (tr. Krailsheimer, A. J.). London: Penguin.

Rumsey, D. (2006) *Probability for Dummies*. Chichester: John Wiley & Sons.

Sorensen, R. A. (2003) *A Brief History of the Paradox*. Oxford: Oxford University Press.

Stewart, I. (2003) *The Magical Maze: Seeing the World through Mathematical Eyes*. Chichester: John Wiley & Sons.

Tijms, H. (2007) *Understanding Probability: Chance Rules in Everyday Life* (zweite Ausgabe). Cambridge: Cambridge University Press.

vos Savant, Marilyn (1990). Ask Marilyn, *Parade Magazine*, 16.

Warburton, N. (2004) *Philosophy the Basics* (vierte Ausgabe). London: Routledge.

Kapitel 6: Raum und Zeit

Barnes, J. (1989) *The Presocratic Philosophers*. London: Routledge

Bunch, B. (1997) *Mathematical Fallacies and Paradoxes*. New York: Dover Publications.

Calle, C. I. (2005) *Einstein for Dummies*. Chichester: John Wiley & Sons.

Davies, P. (2002) *How to Build a Time Machine*. London: Penguin.

Deutsch, D. und Lockwood, M. (1994) The Quantum Physics of Time Travel. *Scientific American*, 270, 3, 68–74.

Fearne, N. (2002) *Zeno and the Tortoise: How to Think Like a Philosopher.* London: Atlantic Books.

Gott, R. (2002) *Time Travel in Einstein's Universe.* London: Phoenix, Orion.

Hughes, P. und Brecht, G. (1978) *Vicious Circles and Infinity: an Anthology of Paradoxes.* London: Penguin.

Lewis, D. (1993) *The Paradoxes of Time Travel, from The Philosophy of Time* (Hrsg. le Poidevin, R. und MacBeath, M). Oxford: Oxford University Press.

McMahon, D. (2006) *Relativity Demystified.* New York: McGraw-Hill

Russell, B. (1997) *ABC of Relativity.* London: Routledge.

Russell, B. (2004) *History of Western Philosophy* (zweite Ausgabe). London: Routledge Classics.
Sainsbury, R. M. (1995) *Paradoxes* (zweite Ausgabe). Cambridge: Cambridge University Press.

Sorensen, R. A. (2003) *A Brief History of the Paradox.* Oxford: Oxford University Press.

Waterfield, R. (Hrsg.). (2000) *The First Philosophers: The Presocratics and Sophists.* Oxford: Oxford University Press.

Kapitel 7: Unmöglichkeiten

Barrow, J. D. (1998) *Impossibility: the Limits of Science and the Science of Limits.* Oxford: Oxford University Press.

Heamekers, M. http://im-possible.info/ english/art/sculpture/ hemaekers_unity. html. Website of Vlad Alexeev http://im-possible.info/russian/art/ reutersvard/reut3.html

Ehrenstein, W. (1930) Untersuchungen über Figur-Grund-Fragen. *Zeitschrift für Psychologie*, 117, 339–412.

Freidman, D. und Cycowicz, Y. (2006) Repetition Priming of Possible and Impossible Objects from ERP and Behavioral Perspectives. *Psychophysiology*, 43, 569–78.

Gregory, R. L. (1970) *The Intelligent Eye.* London: Wiedenfeld und Nicolson.

Shuwairi, S. M., Albert, M. K., und Johnson, S. P. (2002) *Discrimination of Possible and Impossible Objects in Infancy.* Psychological Science, 18 (4), 303–7.
Stewart, I. (1995) Paradox of the Spheres. *New Scientist*, Jan 14, 28–31.

Wagon, S. (1985) *The Banach–Tarski Paradox.* Cambridge: Cambridge University Press.

Wapner, L. M. (2005) *The Pea and the Sun: A Mathematical Paradox.* Wellesley, Mass.: A.K. Peters.

Kapitel 8: Entscheidungen treffen

Augustine. (1872) *The City of God, Book V, from The Works of Aurelius Augustine* (Hrsg. Dods. M.) Edinburgh: T & T Clark.

Axelrod, R. (2006) *The Evolution of Cooperation.* New York: Basic Books.

Chadwick, H. (2001) *Augustine: A Very Short Introduction* (Very Short Introductions). Oxford: Oxford University Press.

Clark, M. (2007) *Paradoxes from A to Z* (zweite Ausgabe). New York: Routledge.

Epicurus. (1993) *Essential Epicurus: Letters, Principal Doctrines, Vatican Sayings and Fragments* (tr. O'Connor, E. M.). New York: Prometheus Books.

„Foreknowledge and Free Will" from the *Stanford Internet Encyclopedia of Philosophy*, online version (www.stanford.edu) 2008.

Gardner, M. (1986) *Knotted Doughnuts and Other Mathematical Entertainments.* New York: W. H. Freeman and Co.
Hume, D. (1990) *Dialogues Concerning Natural Religion.* London: Penguin Classics.

Klima, G. (2008) *John Buridan (Great Medieval Thinkers).* Oxford: Oxford University Press.

Leiber, J. (1993) *Paradoxes.* London: Gerald Duckworth & Co. Ltd.

Mill, J. S. (1944) *Autobiography of John Stuart Mill.* New York: Columbia University Press.

Nozick, R. (1969) *Newcomb's Problem and Two Principles of Choice, from Essays in Honor of Carl G. Hempel: A Tribute on the Occasion of His Sixty-Fifth Birthday* (Hrsg. Rescher, N.). Norwell: Kluwer Academic Publishers.

Russell, B. (1997) *The Art of Philosophizing and Other Essays.* Lanham: Littlefield, Adams.

Russell, B. (2004) *History of Western Philosophy* (zweite Ausgabe). London: Routledge Classics.

Sainsbury, R. M. (1995) *Paradoxes* (zweite Ausgabe). Cambridge: Cambridge University Press.

Singer, P. (1997) *How Are We to Live?* Oxford: Oxford University Press.

Sorensen, R. A. (2003) *A Brief History of the Paradox.* Oxford: Oxford University Press.

Verantwortung

Gareth Southwell st Philosoph, Autor und Illustrator. Er ist Verfasser von Philosophie-Büchern, darunter *What Would Marx Do?* (Octopus Books), *50 Philosophy of Science Ideas You Really Need to Know* (Quercus) und *A Beginner's Guide to Nietzsche's Beyond Good and Evil* (beide bei Wiley-Blackwell). Er lehrt und schreibt über Philosophie für Studenten und interessierte Leser und unterhielt von 2000 bis 2016 die Website Philosophy Online als Hilfestellung für Mitdozenten, Studenten und Neulinge in der Philosophie.

Dr. Michael Picard hat am MIT Philosophie studiert, ist internationaler Autor und Dozent an der Universität von Victoria, Kanada. Mit seiner Ausbildung in formaler Logik und analytischer Philosophie lehrt er weitgefächert in Psychologie und Philosophie, außerdem in Praxisprogrammen wie Führung sowie Umweltmanagement und Unternehmensführung. Er ist Gründer des Cafe Philosophy, wöchentlichen Philosophiedialogen in Victoria, die seit 12 Jahren in bisher mehr als 500 Veranstaltungen stattfinden.

Gary Hayden ist freiberuflicher Autor und lebt in Ho-Chi-Minh-Stadt, Vietnam. Er hat Abschlüsse in Physik und Philosophie und ist darauf spezialisiert, einer öffentlichen Leserschaft wissenschaftliche und philosophische Konzepte näher zu bringen. Seine Artikel erschienen bereits in Dutzenden von Magazinen und Zeitungen weltweit, unter anderem in *The Times Educational Supplement, The Scotsman, Maxim* und in der wichtigsten Tageszeitung Singapurs, *The Straits Times.*

Abbildungen

Alle Abbildungen © Quarto Publishing plc